書恕

知书

从自我苛求中解放出来

JE ME LIBÈRE

Frédéric Fanget

[法] 弗雷德里克·方热 著 周行 译

生活·讀書·新知 三联书店 生活書店出版有限公司

JE ME LIBÈRE by Frédéric Fanget © ODILE JACOB, 2013.
This Simplified Chinese edition is published by arrangement with Editions Odile Jacob, Paris, France, through Dakai Agency.

图书在版编目（CIP）数据

从自我苛求中解放出来 /[法]弗雷德里克·方热著；周行译 .— 北京：生活书店出版有限公司，2016.5（2023.6 重印）
ISBN 978-7-80768-135-9

Ⅰ．①从… Ⅱ．①方… ②周… Ⅲ．①心理压力－心理调节－研究 Ⅳ．① B842.6

中国版本图书馆 CIP 数据核字 (2016) 第 035513 号

策　　划　李　娟
责任编辑　肖　严　廉　勇
装帧设计　视觉共振设计工作室
责任印制　孙　明
出版发行　生活書店出版有限公司
　　　　　（北京市东城区美术馆东街22号）
图　　字　01-2016-2823
邮　　编　100010
经　　销　新华书店
印　　刷　三河市腾飞印务有限公司
版　　次　2016年5月北京第1版
　　　　　2023年6月北京第5次印刷
开　　本　880毫米×1230毫米　1/32　印张 5.875
字　　数　102千字
印　　数　35,001-37,000册
定　　价　38.00元
（印装查询：010-64052612；邮购查询：010-64059389）

引　言

生活中的境遇并不总是使人满意，经常令我们痛苦不安。我们倾向于相信，自己的不幸源于工作上、伴侣关系和家庭中遇到的问题。当然，我们的遭遇以及我们和他人的关系是相关因素，却不是唯一的决定因素。还有一个因素影响着我们看待自身境况的方式，即我们对它的感知。

其实，我们的种种苦恼，或者说其中一部分，往往和我们如何看待/理解自己所经历的状况有关。这些理解常常是错误的，来自于我们内心某种微弱的声音,这个声音不间断地评论着我们的一举一动，也就是我们内心自我批评的声音。这个秘密电台时时刻刻钳制着我们的行为：

“要被别人喜爱、欣赏；要成功”“你应该表现得有意思，值得关注，清晰流畅地表达自己，有问必答”“在这个男人面前展现你的女性魅力和智慧，像个无所不能的女超人”“在这个女人面前展现你的男人本色，风趣幽默，懂得逗她开心”，诸如此类。实际上，诸如此类“必须达到”的要求，对应着我们给自己设定的种种法则，我们屈从于这些法则，却从来都没想过，它们是否适用于我们正在经历的境况，而这正是我们生活中很大一部分苦恼的根源。

在认知疗法中，这些被我们强加于自己的严苛要求称为“人生准则”。人要往前走，这些准则当然有其用处，促使我们进步，自我反省，发挥潜能。然而，当这些人生准则变得过于刻板甚至粗暴，制定的目标不可企及或无法实现的时候，我们会痛苦不堪，觉得自己总是有所不足，达不到对自己的要求。这些准则在不知不觉中指导着我们的人生。而缺乏灵活性的个人准则，最终可能导致我们活得很失败。

此书的目的就是帮你从这个恶性循环中解放出来，从这个你无意识走入的死胡同里逃脱出来。那么，如何才能解放自己？

首先，这本书会帮助你意识到内心自我批评的声音的存在，这个声音像是若隐若现却又持续不断的电台，你如此习惯于听到这个声音，以至于它成为下意识的存在。然而，如果我们停下来仔细倾听内心，这个噪声就会越来越清晰。

倾听这个声音，更好地理解它，意识到这个苛刻的声音对你造成的压迫感，这是将自己解放出来的第一步。

接下来，我们必须意识到，这个声音渗透到了我们生活的方方面面：工作、私人生活、家庭生活、友情、运动、社交，无所不在。它说："来吧，超越你自己！不行，你很清楚你做不到，算了吧，没必要。"

这样我们才能认识到，这种来自内心深处的自我批评的声音是我们犹豫不决、抑郁迟缓或焦虑不安的源头。

为了更好地摆脱这种声音，本人的决心是必不可少的。这种声音是在什么情况下出现的？它往往出现得很早，在童年就已经显露，而且必然有其原因。比如阿德里亚娜，她就是因为出生于一个贫困的东欧家庭，小时候没有条件读书，所以会给自己定下一个必须拼命奋斗的目标。而安娜不懂拒绝，害怕伤害别人或者想讨好别人。卡特琳娜则是想变得像别人一样，因为她从小就觉得自己跟别人不同，像一个异类。塞巴斯蒂安不惜一切代价想要表现得自己“配得上”，其实他内心深深地怀疑自己。

这些都是真实的个案，为了保护他们的隐私，在此隐去了他们真实的身份。他们代表了生活中几种常见的自我苛求的类型。他们的故事将帮助你更好地理解你自己，同时也会告诉你，改变是可能的。

当你能够分辨出自己内心的自我批评的声音——这个内心深处最为私密的声音——并且意识到这个声音给你的生活带来的损害，当你在自己的人生经历中找到这个声音的源头，你就有办法好好面对这个声音，回应它并摆脱它，然后才能享受生命中最重要的一切美好。

我邀请你，邀请阅读这本书的人，与我一同踏上这条自我发现和自我改变的道路。

本书中，我希望展示给各位如何通过对自己内心声音的探寻来分析生活中大大小小的各种问题。在书的第一部分，我将阐释几个相关的主要概念，接着分析内心的声音在每个人的生活中通常会起到什么样的作用。通过反复思考，通过分析内心的声音在那些情况最严重的患者身上，是如何加重其病情的，我明白了很多问题。这些患者向我敞开心扉，倾诉了他们的秘密。他们进一步丰富和提高了我的思考模式和对临床病例的概念化——认知概念化[1]是用更深层的方式理解一个人的问题。我将在本书中对这些案例进行深入讨论。

在讨论过程中，我将使用多个真实案例来进行进一步解释这种疗法。每个人都可以通过学习来掌握基本的治疗方法。其实，每个人都是另一个人——朋友、亲近的人或者家人——的心理医生。一般来说，我们比较胜

1 详见本书第三章《我理解自己：如何完成认知概念化》。——编者注

任做别人的心理医生而不擅长做自己的心理医生。我还会在书中介绍几种很有效的实用方法，在帮助你倾听别人的同时也帮助你理解你自己。

这种横向分析法将涉及一些行之有效的技巧，比如功能分析、认知概念化、自我接纳和自我肯定等。

目　录

第五章　摆脱童年的认知模式

第六章　人人解放自我

第七章　教你几招，掌控内心自我批评的声音

第一章

解放自己的方法

Ma méthode pour se libérer

本书的内容可能会出乎你的意料。到目前为止，连我们心理治疗师也一直以为（我们应该为此认错）我们的作用和目标是帮助患者摆脱一种错误或缺陷。我们的观念是，人类的痛苦来自于某种弱点或某种负面的精神问题，因此需要做的是找到并消除这一种弱点，从而获得解脱。

心理治疗的各个流派都赞同这一点。

早在18世纪末，加尔（Gall）[1]提出颅相学理论，认为通过头骨的形状可以诊断出病人所患有的精神疾病，他曾描述杀人犯头骨上有个部位突起明显。

神经学也认为精神疾病是由大脑某些特定部位的问题所导

1 弗兰茨·约瑟夫·加尔（Franz Joseph Gall，1758—1828），德国神经解剖学家，生理学家。——译者注致。这一理论支持脑叶白质切除术，也就是说将有自杀倾向的忧郁症患者的大脑前叶切除。

后来，20世纪初的精神分析学认为，神经官能症源自对童年创伤的压抑。这种理论的言下之意是，人之所以痛苦，是由于某个被压抑在潜意识之中的问题，而不是因为大脑里的病变，必须借助言语的力量将这个被压抑的问题挖出来，使患者意识到问题的存在，从而消除问题所带来的困扰。

精神分析学和神经学对问题的来源看法不一，不过这两种流派都认为病人患有精神上的疾病，需要治疗纠正。

现代神经生物学也如此分析，但是神经生物学并不认为精神问题是大脑的结构改变，而是将其归结于神经元信息协调和传递的途径出现了问题。

行为疗法则认为，问题产生的条件是同时出现的两个现象之间的联系。比如隧道恐惧症，患者因为身处隧道之中和在这个场所里恐慌症发作这两件事同时发生，从而导致一种条件反射，所以此后总是逃避隧道。

认知疗法是对上述行为疗法的补充，认知疗法派论证说，人的精神问题来自于过去的负面经历。此外，从认知疗法派先锋人物阿伦·T.贝克（Aaron T. Beck）[1]的论著中我们了解到，抑郁与自我评价偏低有关，也与病人对周遭世界和自身未来发展的看法悲观有关。杰弗莱·杨（Jeffrey Young）[2]告诉我们，对我们的生活产生重大影响的是童年时期的认知模式，也就是我们对自己的看法以及我们对事件的理解。我们对自己的看法从小存在于潜意识当中，却深深影响着我们对自己的生活所做出的分析和阐释。比如，我有一个女病患，她的认知模式就是被抛弃（在童年时期建立的一种认知模式）。一旦她的男朋友约会迟到没有提前告诉她，她就会恐慌症发作，表现出极为严重的焦虑。她会即刻想象男友抛弃了她。实际上根本不是这样。她的男朋友非常爱她，也不会抛弃她。她只不过是在当前生活中一次次重温过去体验过的激动情绪，这种情绪就是被抛弃的焦虑感。

通过上述简短的介绍，我们可以看到，不同流派疗法之间的共同点就是，他们都认为病患有某种问题，在其大脑、潜意识或童年里存在着某种缺失，或者由于某种条件反射而引发的问题。

1　阿伦·T.贝克（Aaron T. Beck），G.埃默里（G. Emery），R. L. 格林伯格（R. L. Greenberg）著，《从认知角度看待焦虑障碍及恐惧症》（*Anxiety Disorder and Phobias. A Cognitive Perspective*），Basic Books出版社，1985年。——作者注

2　杰弗莱·杨（Jeffrey Young）和J.S. 克洛斯科（J. S. Klosko），《重塑自己的人生》（*Je réinvente ma vie*），Édition de l' Homme出版社，1995年；杰弗莱·杨《图式疗法》（*La Thérapie des schémas*），Édition De Boeck出版社，2005年。——作者注

不能把自己简单等同于一种缺陷或疾病

我在本书中采用的治疗方法与以上心理学传统疗法截然不同。经过30多年对病患的观察，我不认为我们可以把一个精神痛苦、寻求心理治疗帮助的人简单等同于一个问题或一种疾病。面对病患的时候，我经常想，其实他们跟我差不多，他们在与自己内心的矛盾做斗争，在好的选择与没那么好的选择之间摇摆不定。我们当中有谁没有在做重大决定之前怀疑自己的判断？谁不曾因为日常生活中这样或那样的状况而感到焦虑？比如考试的时候，失业者参加工作面试的时候，遇到一个吸引我们的人的时候，进行家庭讨论，明知可能引发矛盾的时候，在这种情况下感到一定程度的焦虑难道不是自然反应吗？

而且别忘了，焦虑和压力在面临危险的时候是能够保护我们的。我常常跟病人说："当你从我这儿走出去，如果你穿过广场不看路、不走人行横道线、不看红灯，你很可能被车撞死。这种风险的可能性很大。"确实，我的诊所门口的马路有五条车道，一辆辆汽车飞驰而过。你会说那些专门绕路50米去走斑马线过马路的病人是强迫症吗？

当然不是，他们只不过是小心谨慎，焦虑使他们预期危险的存在，因此他们会做出正确的选择，选安全的路线来自我保护。

这种焦虑是恰当的，因为它让你能够应对日常生活。但是，当焦虑感过度强烈，把人压得透不过气来时，它就成了一种真正的病。比如，强迫症患者花数小时不断地检查他们做过的事情或者反复洗手，这就属于过度焦虑，给他们造成极大的困扰。那些患有社交焦虑症的人，因为恐惧别人对自己的看法而完全不能出门，与世隔绝，没有朋友，一般都是单身，他们的焦虑程度也可以归于病态一类。

病态的焦虑跟正常的焦虑到底有什么不同？病态的焦虑持续不断，胡思乱想抑制人的行动，对患者的私人生活、工作和社交都产生严重影响，阻碍他们正常生活。

无论是正常焦虑还是极度焦虑，都存在双重性和模糊性，我们当中最正常的人有时候也可能有点病态，难道你从没发现过身边的人或你的朋友当中，有些看似非常正常的人偶尔也会发生奇怪的行为，大大出乎你的意料。情况最严重的病人在日常生活当中也可能非常正常，不会引起太多焦虑，这种病只会影响到他的某一方面而不会彻底击倒他。这也是为什么我试着不再沿袭我所接受的医学训练的做法，不再将这些人视为病人，而只是受这种或那种问题困扰的人。

这一细微的区别很重要：

首先，这样做可以避免绝对化地区分谁是正常人，谁是非正常人，大家都是人，每个人都有各种各样的问题，其中有一些人问题相对来说更严重，对他们的生活影响更大。

其次，这样做可以重新定位现代精神治疗师的角色，他的角色是要试图找到受某个问题困扰的人身上“正常/健康的那一面”，借其本人的潜力来帮助此人。

所以我从几年前开始，就不再把我的患者视作病人，而是把他们看成自己无力解决某些问题、从而感觉困扰的人。

病人也是人，他们的疾病是一个难题，涉及被治疗者和治疗者两方面。

这种全新的角度，完全改变了我去认识对面的那个人时，所采取的立场。我们变成了三方：来咨询的人，他/她想咨询我的问题，还有我。而且我通常会拿出一个物品，比如一张纸片、一个笔筒或者一个海绵球，把它放在来咨询的人和我之间，然后我对他/她说：“看看我们现在要如何开始一起解决你给我带来的这个问题。”

这是一种协作治疗的理念，一个身处困苦之中的人和一个被认为具有为之提供帮助的能力的人，通过合作进行治疗。

痛苦与美德

我之所以想写这本书，是为了告诉大家，那些我们最重视的、所认同的东西以及我们的价值观和美德，有时候正是这些东西束缚了我们。

这个说法可能在你看来简直像天方夜谭，或许大大出乎你的意料。我想说的意思是，令你痛苦的那些东西，也是你本身的一部分，是你为之自豪的，使你之所以成为你的东西。

我要告诉你，你必须挣脱自己“最珍视最宝贵”的东西，如果你真的想得到自由。

为什么要求你这样做？为什么劝你放弃在你看来最重要的东西？我是如何得出这样的结论的？

多年来，我在治疗中花很多时间将病患与其内心的声音之间的斗争——你知道，就是我们内心深处那个听不见却又无时无刻不在的声音——将这种斗争具体以对话的形式记录下来。

这个内心的声音时时刻刻在批评你，很多时候它其实是过去某个责备的声音在回荡，在这一重消极的声音背后，还有一重积极的声音在对你说：“好好做事，你会为你自己感到骄傲，还会得到别人的欣赏。”

这个内心的声音一面鞭策着你，一面折磨着你。你听从这个声音的指引，因为你已经试过，当你按照它说的那样做，完美地完成一件事情时，你就感到自豪，并且赢得旁人青眼相加。

可是当这个声音显得太强硬、太咄咄逼人和不留余地的时候，它让你很痛苦，让你觉得自己一无是处，你所取得的结果达不到自己设定的要求。这个声音只不过是把你给自己设定的人生准则反过来加之于你，并牵着你的鼻子走。

那些曾经关注我的书的读者可能已经看出来，这个是我研究的重点之一——完美主义。完美主义本身并没有什么好坏，而且对于提升自己的价值感、与他人相处以及良好地规划人生来说，完美主义非常有用。我在《好上加好！完美主义心理学》[1]一书中说过，当完美主义如同暴君一般为所欲为时，它也可以变得极其有害。完美主义者有些时候会过度吹毛求疵，谨小慎微。他们对自己要求过高，无法容忍自己的任何缺陷。当然，除了“人应该完美无缺”之外，我还可以举出另一些人生准则的例子，比如安娜。后面我们将谈到她。安娜不懂如何拒绝，她的人生准则是“永远要让别人高兴”。她觉得“别人比自己重要”，所以她不断地答应做一些其实她根本不愿意做的事情，比如接受别人的邀请，同意和别人的午餐，她自己事务

1　弗雷德里克·方热（Frédéric Fanget），《好上加好！完美主义心理学》（*Toujours mieux! Psychologie du perfectionnisme*），Odile Jacob出版社，2006年。——作者注

繁杂、忙不过来，还答应帮学生修改博士论文。她来我的诊所时，显得对自己非常生气，说："我受够了，医生，我受够了这个样子，总是想讨好别人。我总是把他们看得比我自己还重要。"很快，安娜意识到这种想法来源于自己的过去。在治疗过程中，我们引导她去理解，这个想法给她的生活带来很多麻烦，但同时也造就了她的价值感。安娜是个讨人喜欢、乐于助人、善于倾听别人的要求的人。利他主义是安娜非常看重的一种价值，这是她的美德。大家都知道她值得信赖，从而欣赏她。"永远要让别人高兴"这个想法是在安娜童年时期就形成的，逐渐变成了她的一种好品质。这一点她自己知道，她明白。即使这种"要让别人高兴"的自我要求在过分的时候让安娜气急败坏，因为觉得自己过于迁就别人，自身价值感降低，但是她也知道，由于她乐于倾听别人的要求，这也给她带来了很多，使她成了一个非常受欢迎的人。

作为一名心理治疗师，我有幸遇到很多人，治疗过各种不同类型的病例，因此今天我提出这个观念：我们每个人都像是一枚硬币，有正反两面，有消极的一面也有积极的一面，两者不可分割，共同组成一个完整的人。

硬币的正反两面

既然人像一枚硬币，正反两面彼此合在一起，不可分开，那么我们应该如何解决安娜的难题呢？学会说“不”。当然，我肯定这就是问题的答案。然而，难道要矫枉过正，把安娜推向另一个极端，让她变得完全不顾他人，对任何请求都说“不”？假如这样做，安娜很可能再也不会在自己身上看到同情心和有求必应这些她非常看重的价值。但是，反过来，难道安娜应该放弃自我，完全臣服于自己的人生准则，继续做个善良的老好人，回应别人提出的各式各样的要求，永远都不拒绝，就像小时候别人教她的那样？又或者，是不是还有第三条道路，安娜也许可以学会与自己内心批评的声音周旋，有时候接受它的指引为他人服务，有时候请内心的声音停一停，告诉它“不，我已经为别人做了很多事，喘不过气来。所以我要保护自己，在家里清清静静地休息一下”？

坦白地说，我认为，无论是我作为治疗师，还是其他人作为朋友、配偶或家人，都没有权利指使一个人选择哪一条道路。不过，我们应该为他/她指出几种不同选择的可能，并告诉他/她不一定要屈从于一个令他/她痛苦的无意识的选择。这会很有益处。

一个人积极的一面与其消极的一面密切联系在一起。你可能已经明白，这个问题不容易解决：如何在不放弃自我、不违背本心的前提下提升自我感觉，解放自我?

我的目标是帮助你认识到你有选择的可能，让你做出更好的选择。

下面我会逐一介绍我在心理治疗执业过程当中遇到的几个病例。辛西娅、安娜、阿德里亚娜和塞巴斯蒂安的故事，将让你了解到治疗师和病人是怎样一同努力解码自己的正反两面，理解自身的复杂性，帮助每一位患者更通透地认识自己。

那么，我们以最常见的一些人生准则为例，比如：不能让别人失望，要成功，要表现得能力过人，要配得上自己的位置，要让别人高兴，要和别人一样等等。

这些人生准则并非全部，还有很多其他的人生准则。我特别挑选出这几种，因为它们比较常见，而且影响着我们当中很多人的生活。一旦你弄清楚了自己的人生准则及其对你的生活造成的影响、其来自于童年时期的根源、对你的生活各个方面的渗透、还有对你的情绪的左右，你就能更清晰地认识自己，做出你该做的选择。

要么接受自己的人生准则，因为在某种意义上来说它就是你真正想要的，你得与之相符，尽管这准则会令你痛苦，但它代表了你的人生意义。那些备受崇敬的人，比如特蕾莎修女、皮埃尔神父和曼德拉，他们做出的就是这样一种选择。他们选择了承受“我必须为他人付出”的准则而活。虽然我们主要看到他们做法积极的一面并加以赞美，但是我们可以想象得到，他们并非毫无痛苦地遵循这一原则活着。

第二种选择就是挣脱这些人生准则，解放自己，因为它们使你痛苦不堪。可是，要注意，如果你选择丢掉负面，你可能同时会失去你最珍视的东西。特蕾莎修女、皮埃尔神父和曼德拉有没有可能变成绝对自私自利的人，不为别人牺牲哪怕一分一秒？那样的话，他们会不会因自己内心深处的价值观而挣扎？我们可以看到，每个人的人生准则、内心的声音（承载着人生准则或者是不断提醒着人生准则的存在）以及价值观或美德是互相关联的。如果你想抛弃其中某一些，那就要冒着同时失去人生导向的风险。

这就是为什么解放自己需要第三种解决方案，这种解决方案基于一种特定的方法，我会通过这一方法，利用我的专业技能、经验和同行的众多研究成果来帮助你。

如何摆脱自己设定的人生准则

在全盘接受自己设定的人生准则甚至完全放弃自我，和彻底对抗人生准则这两条路之间，存在着第三条道路。接下来我将带你去发现这条新的道路。

这条道路有一点像儿童的人格建立期的认同与对抗过程。心理学上，在人生的初始阶段，孩子认同自己的父母，处处学习和模仿父母，不批判他们，完全接受他们的理念。接着，到了青少年时期，孩子往往会经历一段对抗时期，有时候出现非常激烈的反抗，全盘抛弃此前所接受的一切想法和教育。但是这并不会带来实质上的改变，有点像胶片的负片，仅仅是黑白颠倒过来。故意作对往往意味着什么都没变。这就是为什么人的正常心理发展往往需要经历第三个阶段——个人认同，主体把他/她从父母那里学到并保留的部分、抛弃的部分和自己发展出来的部分再次筛选，最后形成自己的独立人格，不再完全认同或完全反对其父母。

驯服内心自我批评的声音

从自己的人生准则中解放出来也要经历同样的过程。你会看到，一个人可以最终选择完全接受自己的人生准则，但这一次是完全有意识的接受。我知道我服从于我自己的人生准则，因为我理解了它的实质，也理解它对我产生的影响，是我有意识地做了这个决定。这是一种符合本人自由意志的服从。

另一个极端则是完全摒弃、彻底背弃自己的人生准则。也许你曾经见过这样的实例，有的人突然改变了人生轨迹，与他们最初的价值取向一刀两断。

除此之外，改变这些人生准则的其他办法还有，与之对话，告诉它："听我说，这次还是放我一马吧，有些过头了。"有的时候可以说："对，这次你说得对，没错，我确实要好好干。我确实需要为别人付出。"你也可以选择告诉它："瞧，我这会儿很忙，正在跟人讨论事情呢，现在来跟我提起我过去失败的种种，说我多么一无是处，一点帮助也没有。"我们可以稍稍驯服内心自我批评的声音，与之论辩，与之协商，下文里我们将就此进一步讨论。

首先从理解我们内心的声音开始吧。

第二章

内心的声音：窥探精神世界的一扇窗

La voix intérieure, une fenêtre ouverte sur notre vie psychique

内心的声音，我们的精神电台

这个电台就像是一个持续不断的背景音，若有似无，就像在理发店、修车场或某些酒店早晨的餐厅里听到的背景音乐，这个声音在说：“别这么做，别那么做，注意点，你会伤了他的心。别提这种要求，太过分了，他会误会的。不，不要开始这段关系，他会抛弃你……她真是要求太高……你得赶快做出正确决定，你绝对不可以出错……”这个声音、这种想要控制一切的倾向，使我们在自己的行为和举止中感到束手束脚。

当然，在某些情况下，这个声音也能非常正面、积极、有建设性。考试之前，我们会听到它说：“加油吧，你能成功。

你已经为这场考试尽了最大的努力，其他都不重要。”或者是在相亲见面之前，它说：“做你自己，表现得自然点，别拼命搔首弄姿或是扮演另一个人。如果别人欣赏你，至少他们知道真实的你是谁。”这个声音会鼓励你帮助你面对重要的事件。

在求职面试之前，我们可能听到这样一段内心声音：“这种情况对所有人来说都压力非常大，你感觉有压力也是正常的。诚实地介绍你的优点和缺点，假如他们录用了你，就不会发现出乎意料的真相，也不会觉得你在面试的时候欺骗了他们。碰碰运气吧，但是还是要现实一点，毕竟求职者人数众多……如果你符合他们的要求，他们自然会录用你，如果你不符合，也并不意味着你有什么问题，不过是因为在现在这个经济危机时期，劳动力供过于求。”

这个内心的声音也可以在失败之后保持积极的态度，比如在考试之后，它说：“你已经尽力了，不是所有的事情都能由你决定，考试很难，鼓起勇气，下次再来。”或者你在失恋之后，它告诉你：“你对他/她表白是对的。如果不做的话，你就会后悔没有去尝试。可爱情是两个人的事，如果他或她不是真的喜欢你，你会不幸福。”上述的例子当中，这个精神电台起到了积极作用。如果你内心的声音是以这种形式出现，我只会劝你继续与它如此对话，没有任何需要修正的问题！

然而，我在执业生涯中遇到的多数患者内心的声音往往以消极为主。一个人内心的声音在不同的情况下时而积极时而消极，这很正常。它会随着我们正在经历的状况而变化。但是，当内心的声音以消极为主而现实情况并非完全消极，或者内心积极的声音占上风而现实情况不容乐观时，就会出现问题。因此，重要的是这个内心的声音与当下的现实情况相符，而不将之过度夸大，既不过分美化现实，也不丑化现实。

请看以下几个内心声音的记录，来自于我在执业过程中曾经帮助过的一些患者：

夏洛特，48岁，正在找工作。找工作需要人脉，主要需要针对年长资深求职者的信息。然而，这种方式对于夏洛特来说很难，尽管她是销售部负责人，对电话联系和工作会面很有经验。

在一个求职者群体中，夏洛特认识了雷米，雷米给了她一个联系人的信息。

雷米："我很清楚你的职业规划，而且我认为可以给你介绍一个有意思的联系人。这个人是一个信息技术公司的销售经理，而且他也曾经在医药行业工作过。他的名字是X先生，他的电话号码是1122334455。你以我的名义去跟他联系吧，我是最近认识他的，他肯定记得我。"

夏洛特："太好了！你可以详细讲讲你是怎么认识他的吗？以免我到时候出岔子。"

夏洛特内心的声音："我还得拿起电话跟他约见面，还要记下时间地点，真麻烦！"

雷米："可以，我跟他一起参加了某某公司组织的研讨会，那是两个月前，我们一见如故。"

夏洛特内心的声音："这些在职的人根本不知道什么叫找工作的感觉。我还得把那一套话重新来一遍。"

第二天早上，夏洛特继续着自己的想法。

夏洛特内心的声音："好了，现在是星期二早上，我得拿起手机给X先生打电话，可是我没那个勇气。首先，我觉得好像在死乞白赖地求人，感觉非常不好。因为我好像低人一等。其次，我身上有什么值得别人看重的，让人家愿意来帮我？好吧，我来打电话。噢，我还是今天下午再打吧，早上我脑子比较清楚，可以到网上找找信息，或者回复招聘信息。"

可是到了下午，夏洛特内心的声音依然在。

夏洛特内心的声音："好吧，得打电话了。其一，因为我已经答应雷米今天给X先生打电话，我说话得算数。没错，可是这位X先生一定有很多紧急的事情要处理，比听我滔滔不绝地说我的工作规划紧急得多的事情，没时间绞尽脑汁帮我寻找线索。不行，我真觉得不行。为什么他会愿意花时间听我说？他肯定一点也不会对我感兴趣。我怕结结巴巴……说不清楚。哎哟，就这么着吧，来，打电话。”

夏洛特于是鼓起勇气拿起电话。

夏洛特：“喂，你好！我想找X先生，雷米·马丁先生介绍我来的。”

X先生的秘书助理：“你好！很抱歉，X先生不在。他现在正在国外出差，星期四早上才会回来。”

夏洛特：“好的，我记下了。那么我星期四早上再给他打。再见。”

夏洛特内心的声音：“哎呀，太好了，尽管会面要推后，我情愿晚一点再联系。”

夏洛特正在经历一段艰难的时期。经过辞退风波之后，她已经求职数月，一无所获。被拒绝的理由往往是她年纪太大。这种情况下，夏洛特一度陷入抑郁。我们可以看出，尽管与抑郁症时期相比，夏洛特内心的声音没那么消极了，但它仍然让夏洛特怀疑自己，不断地劝阻她想采取的每一个行动，总是向她传递这样一个信息：“这些统统没有用，你找不到的，其他人根本就不理解你。”值得庆幸的是，夏洛特很有毅力，并没有完全被内心的声音压制。

内心的声音在各种情况下都存在，而且经常干扰伴侣之间的交流：

阿瑟刚刚开始和萨宾娜稳定交往，他的第一次婚姻有两个孩子，所以他要跟前妻卡米尔商量周末轮流照顾孩子的任务。萨宾娜则是单身，她很想跟阿瑟一起度周末。两人在一起讨论下个周末见面的可能性。

阿瑟："9月23号那个周末我不行。"

萨宾娜内心的声音："他又打算跟我怎么解释？我必须平复一下情绪才能跟他继续对话。"

萨宾娜："为什么？"

阿瑟："你知道，我星期五跟卡米尔一起吃午饭，因为我这周有评审的事情，所以推迟到下个周末带孩子。"

萨宾娜内心的声音："完了，我觉得自己的眼泪就要冒出来了，我难过极了。"

阿瑟："卡米尔想要我在23号那个周末看孩子。"

萨宾娜："你怎么知道的？你已经跟她谈过了？"

萨宾娜内心的声音："我怎么跟一个小女孩似的这么脆弱？我在拼命忍住眼泪，不表现得太过于敏感。我不想让他以为我又绷不住了，以为他都不能跟我提这件事。”

阿瑟：“我已经开始跟她谈了。事情有点麻烦。我得迅速安排妥当。她用邮件给我回复了。她希望周末轮流带孩子。”

萨宾娜：“她带自己的孩子，多带两天就受不了了吗？”

萨宾娜内心的声音：“这个女人真是一直故意跟我作对！我真不希望看到她。凡事都应该以我为主。”

萨宾娜内心的声音使她变得像个小女孩。这个声音倾向于把她当成一个任性的孩子，总是引出很多怒气，令她始终看阿瑟的前妻不顺眼。

内心自我批评的声音在职场上找工作时同样存在：

斯塔芬尼是一位30岁的年轻女性。她的工作是青少年特殊教育，而她自己正在进行自我肯定集体疗法。她非常腼腆，被内心自我批评的声音所压制，开会时从不敢发言，也不敢在异性面前表现真实的自我。她母亲始终对她苛责非常，从小就总是批评她没有做好过一件事情。

斯塔芬尼正在开工作会议，会议主题是讨论她正在负责的一名残疾男孩。她本可以有很多话可以说，但是内心的声音又出现了。

斯塔芬尼内心的声音：“你说不出什么东西来，你不如旁边那个看起来比你轻松自在的男同事，他似乎比你更明白，表现得非常笃定，非常自信，要是你敢插话，一定会被反驳得狗血淋头。反正你很清楚你没有什么可说的。”

斯塔芬尼哭着说：“这就是我妈妈一天到晚在我耳边重复的那些话。”

内心的声音有时候会阻止我们采取行动。这就是所谓的焦虑抑制。需要发言的场合带来焦虑，内心随之出现一个非常消极的声音，这个声音来自于斯塔芬尼过去的经历，即母亲的声音。母亲对她说过的话，阻碍她在小组工作会议时安安心心地表达自己的意见。

因此，当我们做不到某件事情（属于行为的范畴），是因为我们感觉太不自在（属于情绪的范畴），听到内心的声音在苛责我们（属于认知或思维的范畴）。

这三个范畴，行为、情绪和认知，共同决定了我们存在的方式。“我的行为”即“我所做的”，“我的情绪”即“我所感受到的”，“我的思维和认知”即“我所想的”“我内心的声音对我所说的话”。

若想更好地理解自己，切勿只关注行为——自己或他人的行为，最重要的是同时考虑到人们内心的感受（情绪），尤其是内心的说话（内心的声音）。同时从这三个层次对问题进行分析，这是理解自我的第一步。我们将在本书中深入探讨理解自我这个中心问题。不过，先让我们来认识内心自我批评的声音的重要性，以及它对我们的生活所产生的影响。

内心自我批评的声音，令人喘不过气来

正如我们所看到的，内心自我批评的声音渗透到了生活的方方面面，时时刻刻，无处不在，评论我们日常生活中的一举一动，评价我们，批评我们，偶尔碰上运气好也会支持我们（一切顺风顺水的时候）。最重要的是，这个声音给我们定下了人生准则，认为我们应该遵从这些准则。当然说到底，这些准则是我们自己给自己定下的，大多数情况下是在童年时期固定下来的。然而，现在我们已经是成年人，这些准则可能需要修正，可能已经不再适用于我们当前经历的境况，应该由我们来决定自己希望遵循什么样的人生准则，想要达到什么样的人生目标。

内心自我批评的声音是导致各种不自在的主要原因之一

在日常生活所经历的各种事件（无论是家庭、工作、朋友还是社交方面）当中寻找自己痛苦的源头，你应该认识到，你的绝大部分焦虑也源自你的思维方式和对事情的理解，简而言之，就是你经历某个事情时所听到的内心自我批评的声音。这个内心自我批评的声音左右着你对事件的看法，而且它带来的极少是正面积极的影响。它能扭曲现实，有点像小时候玩的哈哈镜产生的变形效果。凸面或凹面的哈哈镜会让我们看起来比实际的体型胖得多或者瘦得多。镜子面前站着的确实是我们自己，我们的外貌特征确实存在，但是被夸大了。同样，当我们内心的声音对自己过于苛责，现实的情况就会被夸大。

令我们烦恼的不仅是我们所经历的事情，更重要的是我们如何看待发生在我们身上的事情

当然，虽说内心的声音会使现实产生扭曲，但亲友亡故等生活当中的重大事件，比如失去一个亲近的人、失业、事故、残疾等本身确实也会构成真实的负担和压力，对我们的精神状

态产生巨大影响，而内心自我批评的声音会再次雪上加霜，在日常生活中的小事上，这种影响表现得极为突出，无论是工作上的小冲突、夫妻间的小矛盾或家庭中的小别扭……

内心自我批评的声音是一种陈年的习惯

尽管内心自我批评的声音出现在你眼下经历某种困境的时候，实际上它的根源存在于很久以前的过去。在前述斯塔芬尼的例子里我们已经看到，母亲过去说的话重现于她的脑海中，使得她难以当众开口发言。

源自于童年时期的自我批评的声音，在我们接受教育的过程中被塑造出来，我们记住了自己做得好的事，人生准则于是在儿童时期慢慢建立，刻入我们的长期记忆当中，持续地指导我们。成年之后，我们还继续带着这些儿童时期的准则生活，没有意识到它们的存在，而这些准则并不完全适合我们成年之后的生活，它们逐渐偏离、最终阻碍我们正常的生活。

就像电脑定期需要更新一样，人生准则也要根据我们所经历的事件、环境的变化和我们周遭的人来进行调整更新，这很重要。要改变，就必须把自己从内心的消极声音中解放出来。

因此，首先要理解这个声音从哪里来，是如何形成的。同时还要理解它有什么作用，能带来多大的益处。

这些我们为自己制定的准则、对别人定下的准则，还有社会加之于我们的准则，有时会掌控我们的命运，夺走我们的控制权。我经常跟患者说："把你的人生掌握在自己手里，不要让它被你内心自我批评的声音牵着走。"

那么到底如何控制内心自我批评的声音？

首先，进一步理解这个声音是如何运作的，通过明晰高效的方法更好地理解自己，这个方法就是认知概念化。我们将在接下来的几章里介绍认知概念化。只有完成了这一理解的步骤，我们才能有效地应对内心自我批评的声音。为此，我们要利用现代心理学的知识，并通过我在执业过程中遇到的若干实例来一起分析。之后，我将在本书的最后给你几个小妙招，让你能够更好地管理内心自我批评的声音，并从中解放出来。

第三章

我理解自己：如何完成认知概念化

Je me comprends. Comment mener à terme la conceptualisation

概念化即深入理解我们在生活中遇到的障碍和问题，以模式或循环图的形式将之模型化（参见37页）。用图形展示，使问题视觉化，可以让我们认识到自己所陷入的恶性循环。由此，一旦我们理解了自己的心理过程，就有办法改变或打破这个恶性循环。

一般来说，一旦解码了一两个案例的运行模式，我们就能发现内心自我批评的声音及其所代表的人生准则、我们的条件认知模式和无条件认知模式、价值观和美德，然后我们就能理解自己所遇到的大部分问题的根本。

为此，请你与我一起来分析一个具体的临床病例——辛西娅的个案，然后我们就可以举一反三，学会运用认知概念化这种方法。

成为自己的同盟

在本书将谈及的每一个案例中，我都会指定一个第三方为“同盟”。这个同盟可以是作为治疗师的我，可以是你，假如你想运用这本书里介绍的方法来帮助一位遇到困难需要向你倾诉的朋友。同盟是那个懂得倾听、提问和追问，与需要帮助的人进行对话的人，我认为这种对话类似苏格拉底式提问，因为苏格拉底通过话语催生答案。同盟也可以是你自己——当你熟练掌握了概念化这个方法，能与自己对话的时候。这个方法将帮你处理自己生活中的一部分问题。你将成为自己的同盟，在某种意义上来说也就是你自己的心理治疗师。

过高的要求

具体理解什么是认知概念化，让我们从一个常见的人生准则“必须做出一番不同寻常的事”开始。想做得完美、卓越，把事情做好，这些都是令人肃然起敬且值得追求的目标。然而，如果事事都追求如此完美，很可能会弄得自己精疲力竭。我见过不少人就是遵循这样的原则行事，痛苦不堪。下面我们以其中一位女性——辛西娅——为例：

辛西娅，32岁，护士。她没办法克服过去的经历给她留下的恐惧，这给她造成了极大的障碍，尤其在社交方面。尽管接受了多次治疗，她的完美主义行为仍然没变。她做不到平静地享受自己的生活，总是对别人的看法极度敏感："我必须做出让对方赞叹不已的事才有价值，才能展现出我的魅力。"

辛西娅描述了一个让她觉得不快的情境：她在家等着两个女性朋友来参观她家的新装修，里里外外完全出自于她自己之手。别人的评判对她来说极其重要，以至于带给她很大压力。

辛西娅内心的声音

辛西娅内心自我批评的声音对她说："不行，这面墙有问题。这颜色其实我并不喜欢，可是埃洛蒂让我刷这个颜色。我没办法把整个房子的其他部分弄好。要不我把所有的墙重新刷成白色？那样就可以在这里挂一幅画，保留一些深度。可是这样会不会很老套？会不会让这个房间显得更小？我要去查一下装修书，去专门店看看效果。"

辛西娅最终把墙改刷成白色，花了整整两天时间。

尽管如此，她内心自我批评的声音仍然挑三拣四：“好，那我现在该做什么？哦，这个，这个不错！可是这样真能让房子看起来与众不同吗？我想要让人印象深刻，赞叹不已，想听他们说：‘哎呀，辛西娅！这简直就是梦想中的公寓，与众不同，太有格调了！’”

时间一分一秒过去，女友们即将到来。辛西娅内心自我批评的声音越来越强：“我脑子里一团糟，都没有办法思考。我的眼光越来越高，目标设得太高，做不到的话我就对自己非常生气。我做的这一切都是为了别人的肯定，从而获得一种存在感，鼓励自己前进，告诉自己我是有价值的。我有想法，想法还很多，但我不敢出手，怕失误，怕做得不好。结果我停滞不前，在原地转圈，我真的对我自己很生气。我的自我价值感进一步降低，因为我在自己眼里和别人的眼里都找不到存在的价值。”

我们可以看出来，辛西娅内心的声音非常爱唠叨。怎样来分析它呢？

对个人准则的依赖

正如以上内心话语所示，辛西娅极度依赖自己和别人对自己的认可和肯定，并因而感到痛苦。她的人生准则是：“必须做出一番非同凡响的事来。”对她来说，最重要的就是感到自己被人欣赏，获得高度评价。结果是，她总是害怕被自己和别人否定。许多完美主义者的行为（比如追求完美的装修）是为了避免被人否定。辛西娅期待女友对她说：“你的公寓真棒！太美了！”这会让她满心欢喜，重新充满了信心，让她觉得自己是个有价值的人。

当一个人太过于完美主义，问题就出现了。她之所以想做得出色，是为了获得周围人的赞叹，这种反馈令她获得有价值感和信心。受到承认，感到自豪，完美主义者才能喜爱自己，对肯定和感激的需要促使她的完美主义越来越强烈，因为她每次都想要获得更多的肯定和更多的爱。这就是我在此前的著作[1]中提到过的以社会融入为目的的完美主义。

1 弗雷德里克 · 方热，《好上加好！完美主义心理学》，同前。——作者注

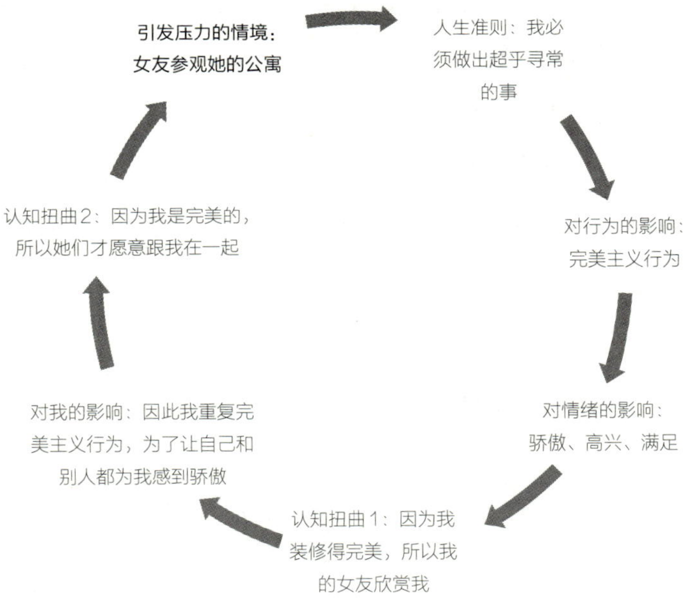

图 1. 辛西娅的恶性循环：“必须做出一番不同寻常的事”

完美主义行为的扩大化

我们很快便对人生准则产生了依赖。——我做到了完美，为了爱自己（以实现自我价值为目的的完美主义），为了使别人也喜爱自己（以社会融入为目的的完美主义）而追求完美，当别人喜爱我，我觉得自己是完美的。——这个回路就形成了，恶性循环从此建立。

一旦完美主义开始左右一个人的所有行为及其与他人的关系，完美主义就变成有毒的（正如我在《好上加好！》一书中所说的）。

个人准则的双重性

完美主义本身并不是一个问题。人可以在部分工作领域和某些需要完美的行为中坚持完美主义。

辛西娅的准则“必须做出非同凡响的事”很有意思，如果反过来，要求辛西娅“不要试图做任何超乎寻常的事情”，岂不是很滑稽，甚至很可笑？

那如何摆脱这个进退两难的境地？是去追求超乎寻常的高水平，为自己过分的完美主义而备受折磨？还是完全没有追求，轻视自己，不尊重对自己来说极其根本的东西，也就是心理学所说的“价值感”或哲学上所谓的“美德”？

辛西娅重视的价值包括认真，有能力，可靠，尽自己的能力做到最好。她很自豪地说，这些给她带来极大的满足感，也因此而获得别人的肯定。所以很难推翻她本人如此珍视的美德。在这个美德的背后，却隐藏着一种恐惧（对辛西娅来说是对不完美的恐惧），为了摆脱不完美，她会给自己设定各种条件，以此对抗这种恐惧。这些条件以“如果”开头。辛西娅想：“如果我能把事情做到完美，我就会觉得自己是个有价值的人。”在认知心理学的术语当中，这叫条件认知模式。这种模式在绝大多数情况下形成于儿童时期，为了提升自己的价值感，在他/她的家庭环境和社会环境中找到自己的位置，孩子会想出一些自己的解决方案。我们在下文中进一步说明。要找到你自己的条件认知模式，问问你自己为什么完美主义行为对你来说如此重要。请完成以下问卷，运用辛西娅的同盟所使用的方法，找出为什么。“为什么”是一个有魔力的关键词。

有魔力的问题

假如你想更好地理解自己，以下这些有魔力的问题会很有帮助。我建议你使用这些魔力问题，而且我想强调运用疑问句型的必要性。

请看以下几个例句：

- 为什么？
- 什么让你……？
- 什么是你……？
- 如何……？
- 然后呢？
- 这样会对你和你周围的人产生什么影响？
- 你在你自己心目中的形象是什么样子？

这些开放式的问题是被问者不能以简单的“是”或“否”来回答的，如果使对方能进一步表达自己的想法，就可以通过这种方式来帮助他更明确自己的想法，让他能更容易地用言语表达出来。此外，要注意避免阐释或提出诱导性的问题，比如“你不觉得这意味着……”——这种问题可能会诱导他的答案。事实上，这种问题可能会使对方按照问题所暗示的方向进行回答，而不是按照自己真正的想法和感受来回答。这种苏格拉底式的对话不应该存在诱导性，所提出的问题不应该传达任何提问者自己的思想、信仰和理解。这一点非常重要，这样才能尊重对方的思想意志。这是为什么我建议提问者使用这些有魔力的问题来提问，给对方的回答留下更多可能性。

同盟：“归根结底，辛西娅，为什么永远保持绝对完美对你来说这么重要呢？”

辛西娅：“当我把事情做得完美的时候，我自我感觉良好。”

同盟：“在你的心里，这能给你带来什么好处？你觉得自己完美的时候，你在自己心目中的形象是什么样的？”

辛西娅：“如果我是完美的，我会觉得我是一个不错的人，一个有价值的人，然后我觉得我可以更加确信自己会被别人接受，他们就不会有理由弃我而去。”

内心自我批评的声音：焦虑的根源

在辛西娅的案例中，我们可以看出来，在一个看似寻常的生活情境中，内心自我批评的声音会突然冒出来，倾听这个声音可以让你找出在某些情况下发生焦虑的原因。

通过仔细倾听内心自我批评的声音，我们可以发现自己的人生准则。对辛西娅来说，她的人生准则是“必须做出不同凡响的事”。此外，我们还能理解到，这些人生准则导致我们采取某种行为，通过一种恶性循环使之成为反复出现的行为模式。辛西娅的完美主义行为就是如此。

这一步骤（参见37页的模式图）揭示了辛西娅完美主义背后的真正原因：导致她完美主义爆发的原因并非友人来访这个情况，而是她内心自我批评的声音，说得更具体一点，是她的人生准则“我必须做出一番非同凡响的事”。这是最根本的原因。所以，引导我们采取某些行为的，不仅是我们所经历的生活情境，还有我们的思维，这是精神论里的认知理论的基础。古希腊哲学家爱比克泰德（Epictete）[1]就已经提出这个看法：扰乱我们的不是事物本身，而是我们看待它们的方式。正是这种看待事物的思维方式导致我们的焦虑和不安。这就是恶性循环的开始。渐渐地，我们开始相信是我们的完美主义行为造就了我们的价值，因为我们打心底里认为：“如果我把事情做到完美，我就是一个有价值的人。”这个想法也就是完美主义者的条件模式形成的基础。这个条件模式限定了对完美主义行为的评价。

不过，辛西娅的案例不能推而广之，因为不是每个人都是完美主义者。但是，我们在后文中将会看到，对其他心理运作类型而言，恶性循环的形成是一样的。恶性循环图和模式图对更好地理解自我非常有帮助。

1 爱比克泰德（Epictete，55—135），斯多噶派哲学家，主张回归内心、遵从自发，实现心灵自由的生活。——编者注

概念化

通过辛西娅的案例，我们可以加深对人类认知行为的理解。

倾听内心的声音，我们能够意识到所谓的内心准则。这类准则往往没有明确的主语，我们很快就会发现，内心的声音常常说“应该”“必须”和“得”。内心的准则往往以下面几种方式呈现：

——“人必须做出一番不同寻常，引人注目的事情才有价值。”

——“我应该做出一番非同凡响的事。”

——“要么做好，要么就不做。”

——“得做到最好。”

阿尔伯特·埃利斯[1]提出的“必须强迫症”（musturbation）

美国认知疗法的先驱阿尔伯特·埃利斯发明了一个词，叫“musturbation”。他有不错的幽默感，而且对法语了如指掌，所以创造出了这个明显影射“自慰”的词。这个词的第一个音节改成了英语的must——“必须，应该”。他第一个提出了被他称之为“一个

1　阿尔伯特·埃利斯（Albert Ellis），《控制住你的焦虑，别让它控制住你》（*Dominez votre anxiété avant qu' elle ne vous domine*），Editions de l' Homme出版社，1999年。——作者注

人给自己定下的不可改变的准则”这个概念。他强调，这些准则具有强制性：一旦当事人被准则压制到毫无回旋余地，这些准则就变得有害。

个人准则

个人准则引导和规范着我们的行动，有点像教条，看似“平淡无奇”，都“符合常理”。找出自己的个人准则极为关键。这个准则可以被视为黏合剂，使硬币的正面和反面紧紧地结合在一起。

所谓正面，表现为好的品质、美德和价值，总是与自豪联系在一起，因为它永远都不会被质疑。在完美主义中，表现为有能力、认真、可靠、尽自己最大的努力做到最好。表现好、有美德，这些不会有争议，有谁想自己的能力变差，变得没那么认真、不那么可靠、表现得不够好？

认识到了硬币的正面，我们翻过来认识反面。这个准则处于人的自我与现实之间，像是一个过滤器，使人看不到现实的偶然性。它简单幼稚，没有细微变化，命令我们以某种特定的方式生活，却并不一定考虑到面前的现实情况。

说到它的起源，似乎是孩子在家庭环境和/或社会环境中寻找自己的位置或者为了承受某些伤痛时而设下的准则。比如，一个人在童年时听到了一句贬低他/她的话，因而为自己定下完美主义的准则，力求变得完美，以此获得价值感："如果我是完美的，我就是个有价值的人。"这就是我们认知疗法治疗师的行话所说的"条件认知模式"，在辛西娅的案例中已经介绍过。在完美主义的案例中，条件模式可能有以下几种表达话语：

——如果我是完美的，我就可以肯定自己有价值；

——如果我尽力，我就不会怀疑别人的肯定和接受，他们就一定得接纳我；

——如果我一切都做到完美，我就可以面对生活中的各种无常。

可以看到，准则的背后隐藏着儿童时期的一种恐惧或伤痛，它被提升到美德的层次，因而得到了强化。但是，一旦我们揭示了这个准则，就打开了改变之路，因为这样就有可能将"德行"的部分（能力等）和"私密"的部分（对自我的评价：有价值、被人接受）剥离开来，因为我们明白，将这两个部分联系在一起会造成过高的自我要求。

而且，把一件事情做到完美，并不见得就一定会提高我们在别人眼里的价值。只在有十分的把握成功的情况下才投入，并不一定会赢得赞赏，这还会阻碍我们的行动，并且把我们变成别人眼里游手好闲、意志薄弱的人，这与我们的初衷完全相悖。浪费好几个小时来避免不完美并不能让我们变成一个能力强的人，而是恰恰相反。

理解自己是谁，细致深入地分析自己的认知方式，这可能会引发强烈的情绪（哭泣、明显的不适感）。当一个人承认他会认为自己“不完美”，存在缺陷，在某些地方不如人，会情绪激动到不能自已。这个缺陷不会被质疑，因为它被视作自我的一部分。这被我们称作“无条件认知模式”，可以表达为以下形式，“我没有价值”“我不如人”“我有根本性的缺陷”“我身上存在一些问题”。在这些句式中，主语往往是“我”。

大部分情况下，这种模式与童年时的某个记忆有关，那是伤痛的根源，当一个人正在经历某种情境而感觉到焦虑的时候，这种伤痛的记忆会突然在意识中冒出来。

某些词因此具有了非常丰富的含义。只要想起跟无条件认知模式相关的这些词，甚至简单的一句话，就能让我们立即感觉到一种强烈的情绪，有时可能会伴随着眼泪。这让我想到我的一个患者萨福琳娜，与我一起花了很长时间做认知概念化。她倾向于把自己看作低能儿。在学习心理治疗之后，她去看望她的母亲，母亲告诉她说，她出生时头围太小，医生发现之后告诉她母亲："她的脑袋比较小，目前暂时无法断言，但是一年后要来做一次检查看看是否发育正常。"萨福琳娜听到了"脑袋小"这个说法从医生的嘴里说出，然后经由她母亲转述，她马上跟她对自己的看法联系了起来——她觉得自己是个低能儿。此后，一旦有人要她说或在她面前说"脑袋小"三个字，她就会失声痛哭。她说："虽然我知道这是一种认知模式，可是每次都会带给我同样的刺激。"

童年的记忆越是令人触动，越说明它掩盖了某种痛苦经历的事实。我们现在可以比较容易地理解，孩子建立一种条件认知模式，就像是在他的无条件认知模式前修筑一道堤坝。因此，条件认知模式的准则越是刻板，美德的重要性就越发突出。

简而言之，如果我觉得自己有缺陷，我必须找到一种生存策略，比如完美主义。而"使我想把一切做好"的这一个人准则越是认可完美主义，"能力强"这一美德（优点）的重要性就越发突出。恶性循环就是这样形成的，我们可以通过概念化模板将其视觉化。

概念化模板

概念化模板是一种很不错的工具，用图表来总结人的精神模式。以下是这一模板在完美主义案例中的运用。

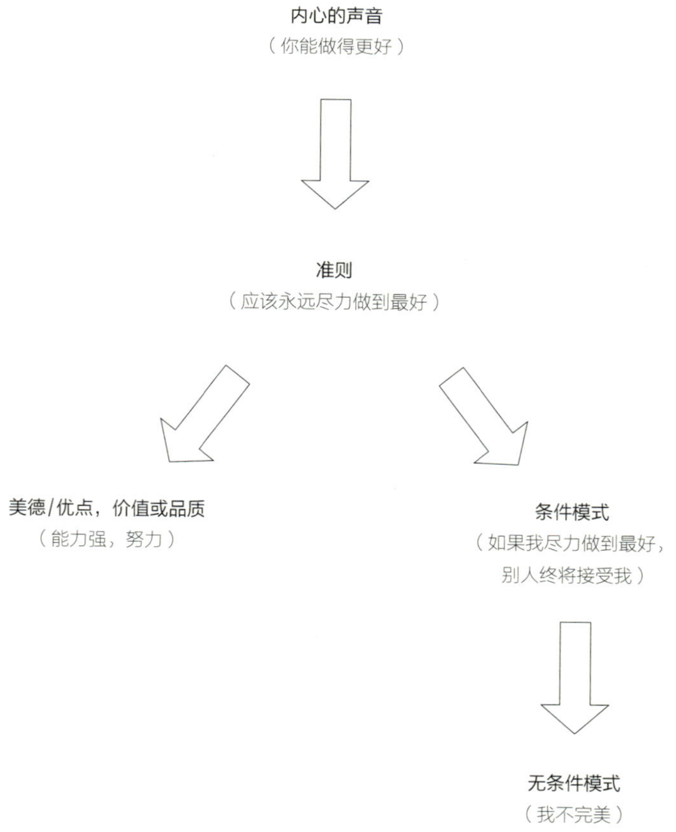

这种做法可以运用到其他的案例当中，比如焦虑这种普遍存在的现象和情绪。我们当中有谁不曾在某种情况下感到焦虑？但是病态的焦虑，即持续且让人束手无策的这种焦虑，与过渡性的焦虑，即偶尔出现的强烈情绪波动，这两者之间是有区别的。前者被称作恐慌症发作，阻碍患者完成正常的活动，并导致其之后一直逃避某些特定的情境。

如果用概念化模板来总结焦虑症的案例，我们可以看到他们内心的声音经常这样说："你没有预见到所有可能发生的情况，天随时可能塌下来砸扁你。你真的确定吗？如果这样如果那样呢？你考虑周全了吗？"

这个内心的声音基于以下人生准则：

——要考虑周全；

——要把一切情况都想好了；

——必须保护好自己和亲近的人。

硬币的正面代表的是条件模式，"如果我考虑到了最糟糕的情况，我就有机会摆脱困境"或者"如果我预见到了一切，就会少一些麻烦"或者"如果我提前考虑好了，我可能更有把握控制住局面"。

焦虑症的无条件模式是，"我很脆弱无助，我可能会被辞退，我有危险"。

焦虑症患者的正反两面

我们可以推断出焦虑症患者积极的正面，即其美德/优点：谨慎、控制、未雨绸缪、预见性。这些人很可靠，可以信赖。这种行为倾向于预见、预期、安排妥当，可能让人觉得很可靠，但是当这种行为方式变得令人压抑得透不过气来、过度的未雨绸缪压制了不可预见性、而不可预见性往往会带来一些意想不到的好机会时，这就是反面。

我们可以将以上内容归纳到一张图里。在认知疗法中，治疗师与患者一同制作这样一张图。治疗师要求患者将图填写完整，并在自己每次焦虑发作时记录下自己的想法。这张图可以帮助我们理解一个人的认知模式，可以作为一辈子的参照。很显然，每个人的认知模式图是不一样的，要根据每个人本身的境况、情绪以及内心的声音来完成，但概念是同一的。

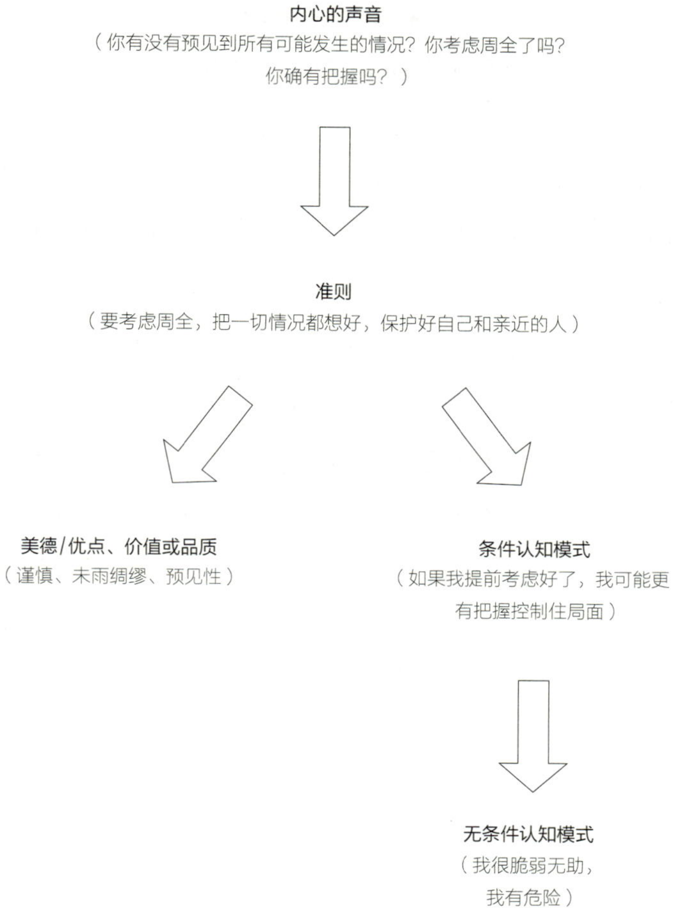
内心的声音
（你有没有预见到所有可能发生的情况？你考虑周全了吗？你确有把握吗？）
准则
（要考虑周全，把一切情况都想好，保护好自己和亲近的人）
美德/优点、价值或品质
（谨慎、未雨绸缪、预见性）
条件认知模式
（如果我提前考虑好了，我可能更有把握控制住局面）
无条件认知模式
（我很脆弱无助，我有危险）

焦虑认知模式图

我经常对焦虑症患者说："你等于活了好几遍。你所经历的境况，你已经在脑子里预演了至少十多遍。挺有意思，同一件事情你体验十几遍。"如果是令人愉快的事情，多体验几遍也无妨，可是面临不愉快的事情时，反复体会就是折磨。最大的问题在于，风险往往被高估扩大，致使患者把情况想象成不可挽救的灾难。

读到以上这段，你的脑海里是否出现一连串你认识的人？我相信你也可以运用这个模式来解读其他人的心理障碍。

接下来，让我们通过我在执业过程中所遇到的若干案例，一起来了解如何将概念化应用于生活中常见的一些人生准则。

第四章

摆脱自己的人生准则

Je me libère de mes règles de vie

曾经帮助我们成为我们自己的人生准则，会逐渐固化并压制我们。这样的准则很多（见第六章），每个人不一样。有些准则更为常见，比如“要成功，表现得有能力”“要让别人高兴，要讨好别人”“应该跟别人一样”。接下来请看我在执业过程中遇到的两个案例。

找出自己的人生准则是第一步，在大部分情况下，一旦找出人生准则是什么，就能够更好地认识自己，开始准备改变。只有倾听内心自我批评的声音，才能发现隐藏着的人生准则，这是改变的第一阶段。我们会看到塞巴斯蒂安和安娜两个人是如何通过这一过程来摆脱自己的不如意。

在此之前，先回顾一下，内心自我批评的声音是个人对自己定下的准则或要求的传导者。诚然，它能鞭策我们做到最好，但同时也会带来最坏的影响，比如塞巴斯蒂安的“要成功，要显示自己有能力”和安娜的“应该讨别人欢心”。

倾听内心自我批评的声音，意识到它的负面影响

“要成功，要显示自己有能力”是一个很常见的个人准则。在我们的社会中，男女两性对自己都有如此要求，但是这种不成功不罢休、必须展现自己能力的需求，在男性身上更为根深蒂固。原因是成功与责任这个铁律已经世世代代流传了很久，深深印入他们的思想里。所以，男性可能一心只想着成功和责任，被这个问题弄得压力巨大，完全不敢有任何失误。他们对“事业方面的自尊”十分敏感，甚至认为事业成功是自尊的基础。因此，很多男性对任何带有评估性质的东西都非常敏感：不能觉得自己低人一等或不如人，显得高人一等和优越感是他们每天都非常在意的事。于是，在职业领域里，与上司的关系并非那么轻松，因为上级有时候很清楚如何显示自己在等级上的优越性，如果一个人内心敏感又怀疑自己，有可能听到一句评论就马上反应过激，塞巴斯蒂安就是这样。

害怕自己做不到

塞巴斯蒂安，已婚，35岁，是两个年幼孩子的父亲，在一家IT创业公司工作。

他与同事之间关系不佳，同事觉得他要求太高。在事业上，他经常怀疑自己的能力，怀疑自己是否达到别人的期望和要求。他有时感觉他的上司对他不满意，自觉岌岌可危，一天到晚提心吊胆，以为自己要被解雇。在这个经济不景气、失业率居高不下的时期，他害怕被解雇之后会很难再找到工作。所以他拼命加班加点，周末在家也查看工作邮件，晚上睡不着，反复想着白天的工作和尚未完成的任务。

年度评估对他来说是最可怕的日子。他总是怕自己的评估结果不够好，低于别人对他的期待，总觉得自己不如别人做得好，时常感到工作不保，夫妻关系也难以维系。他说："我跟我妻子关系不太好。她觉得我攻击性太强，我们动不动就吵架、闹矛盾。那天她走的时候还说，如果我不去看心理医生改善一下我的暴躁脾气，她就要考虑离开我。"

我认识塞巴斯蒂安的时候，他就是这种精神状态。

和我接触到的一些男性患者一样，塞巴斯蒂安倾向于认为问题来自于他的周遭环境，而不是他自己。他辩解说他的上级跟他过不去，同事不配合他，妻子对他要求太高。

人有时候很难自我反省，很难承认在自己遇到的困境中，自己也负有一部分责任。但是，如果愿意自己做出改变，即使我们遭遇的环境跟我们遇到的困难有关，或对之负有一部分责任，我们还是应该承担和处理自己的问题。

为了保护塞巴斯蒂安的自尊，同盟——在此案例中是治疗师——要非常温和地进行介入。切勿轻视这一点，充满敌意甚至攻击性极强、将责任全部推给对方或外界的这种态度，往往是脆弱的表现，男性由于文化上的无意识，很不愿意承认他们的脆弱，尽管近些年来情况其实已经有了很大的改观。

男性的纵向思维和女性的横向思维

根据德博拉·坦嫩（Deborah Tannen）[1]的心理学研究，在文化上，长期以来男性和女性在处理与他人的关系方面，行事方式似乎并不一样。

男性的方式是纵向的，他们试图评价、比较自己和其他人的价值

1　德博拉．坦嫩（Deborah Tannen），《你真的一点也不理解我！如何消除男女两性之间的误会》（*Décidément, tu ne me comprends pas! Comment surmonter les malentendus entre hommes et femmes*），Robert Laffont出版社，1993年。——作者注

高低，或是高于对方，或是低于对方。女性的方式则是横向的，主要在于维护关系，并强调同理心。

根据这一研究结果，女性对等级和自我价值相对于其他人的价值是高是低没有那么敏感，她们更倾向于与自身进行比较来评价自己。[1]

心理治疗的主要内容是引导塞巴斯蒂安针对自身及其做人的方式提出疑问，进一步地理解自己的反应、情绪和内心自我批评的声音，而不是继续寻找一个对立面，他自己也无法再忍受这种做法。

如果留意塞巴斯蒂安说的话，可以理解他把评价看得非常重要：他是否达到要求？他的上级是否比他强？他的同事是不是没他优秀或者没他做得好？心理治疗的关键在于使他从对评估的焦虑中解放出来，引导他意识到自己固有的个人价值，建立起自我的形象而无须时时刻刻拿自己跟别人相比。

通过塞巴斯蒂安的案例，我们能够看到，人生准则在多大程度上是由社会潜移默化地强加于我们的，“我的儿子，你长大会成为男子汉”仍然是许多父母无意识中传递给儿子的观念。并非所有的问题都源自于童年的经历，我们在一生中经

1　当然这些研究可以讨论，因为我们发现男性和女性之间的差异随着社会文化的进步已经有了变化。——作者注

历各种文化影响，这些影响有时来自于久远的历史，经过社会世代相传。这一点体现了人生准则或自我要求这个问题的重要性和丰富性，大大超出个人心理的范畴。通过对这个问题的思考，我们探索我们自己与环境的关系，理解我们是如何将社会生活的律法准则内化吸收，并体现于我们的行为之中。

借助认知概念化来厘清自己的困境

第一步：理解是什么令他痛苦

为了更高效地理解，让我们聚焦于一个日常生活中经常遇到的问题。

同盟："塞巴斯蒂安，你能告诉我你今天想要探讨的一个具体的问题吗？"

塞巴斯蒂安冷冷地回答："你看得出来，我存在好些问题。我已经跟你说过，我跟我的上级、同事、妻子都有问题，你为什么想把一切简化为一个单一的问题呢？"

同盟："好，我们从你想讨论的那个问题开始。"

塞巴斯蒂安："总之，工作是最重要的问题，我尤其想知道他们是想辞了我，还是要让我留下来。"

同盟："什么让你认为公司不能留你？"

塞巴斯蒂安："我可能达不到公司的要求。"

同盟："什么让你认为你达不到要求？"

塞巴斯蒂安："我看得很清楚，我的头儿瞧不起我。"

"什么让你"这个问法具有神奇的魔力，让塞巴斯蒂安进一步弄清楚自己的想法，对自己的恐惧打破砂锅问到底。这可以让他认真倾听自己内心自我批评的声音，内心的声音承载着他的所有焦虑和不安。

第二步：倾听内心的声音

塞巴斯蒂安说出"我的头儿瞧不起我"这句话，其实是所谓的任意推断，即根据我们所以为的情况对实际情况做出的个人化的阐释；实际上，我们是毫无证据地得出结论。用心理治疗师的行话来说，这是认知扭曲。塞巴斯蒂安在推断他会被辞退，他的上级看不起他，而这些推断没有任何证据。

在这种情况下，重要的是将自己的想法和现实情况对照来看，分析内心的不安有多少是与现实情况相关的必要焦虑，又有多少其实源自于内心自我批评的声音。就这一点经常地反问自己。为了便于展开工作，我请塞巴斯蒂安尽可能忠实详尽地

记录下他与上司下一次的谈话，以及谈话过程中他内心自我批评的声音所说的话。

塞巴斯蒂安："我走进头儿的办公室，他正和一个客户在一起。"

塞巴斯蒂安内心的声音："我有时候不太会表达自己，何况我不清楚我们公司最大客户的系统运作方式和他们做事的方式。而且，他们说的行话不太容易明白，他们看起来比我强很多，我已经来了两年，应该跟他们一样了解这个系统。"

塞巴斯蒂安对头儿说："早上好，你好吗？"

头儿："挺好，你呢？"

塞巴斯蒂安："好极了。"

头儿："有什么事？"

塞巴斯蒂安内心的声音："我呼吸急促，我进来之前应该再准备得好一点，我有点词不达意了，可是我完全不明白他布置的任务到底是要做什么。"

塞巴斯蒂安："就是ZX BA 5那个文件。"

头儿："嗯，怎么了？"

塞巴斯蒂安："是这样，我收到了邮件，数据都在里面，但我不太明白我应该做什么。"

内心的声音：“放松，放轻松。我希望他没看出来你这么紧张。”

头儿打开邮件一边看，一边说：“唔，确实写得不太清楚，但是你只要对照AJK 758文件的数据就行，AJK 758文件就在32/dossier/projet 26/XX52文件夹里。试试看，把这些数据和2842号文件比较一下。”

内心的声音：“我根本记不住这些，我做不到记住他说的所有信息。他会发现我不行。”

塞巴斯蒂安：“稍等，我得记一下。”

头儿：“行，你记吧，赶紧的，我正忙着，我有事。”

塞巴斯蒂安内心的声音：“他可了不得，他的工作也包括指导我工作，不然算什么头儿？”

塞巴斯蒂安：“你能重复一遍吗？”

头儿：“AJK 758文件就在32/dossier/projet 26/XX52文件夹里。试试看，把这些数据和2842号文件比较一下。”

塞巴斯蒂安内心的声音：“哎呀呀，他这遍说得更快了。我根本记不下来。而且他也没告诉我到哪儿去找2842号文件，如果要他再重复一遍，会显得我很笨，可是我不知道2842文件在哪里，我还是得问他。”

塞巴斯蒂安：“可是我在哪儿能找到2842号文件？”

有急事的头儿回答："当然是在客户数据库里。"

塞巴斯蒂安内心的声音："'当然是在客户数据库里。'……你看，很明显他瞧不起我。不能听之任之，你必须表现给他看你有能力做好。"

焦虑究竟从哪里来？

塞巴斯蒂安焦虑的主要原因是什么？是他上司和他内心的声音对他说的话吗？为了确定问题的答案，我们来做一个小练习。

首先去掉塞巴斯蒂安内心的声音，重新读一遍刚才的场景。然后反过来，只保留塞巴斯蒂安内心的声音。我们会发现什么？

大部分时候，内心的声音是我们不安之感的主要根源。在任何情况下，它会夸大实际经历的状况，使焦虑放大。我们得意识到这一点。其实，我的大部分患者都意识不到令他们焦虑的主要因素是他们内心那个强硬的声音。他们理解错误，以为问题的根源是自己正在经历的工作上、伴侣关系中或其他方面的状况。

去掉内心的声音之后，塞巴斯蒂安与上司之间的对话

塞巴斯蒂安对头儿说："早上好，你好吗？"

头儿："挺好，你呢？"

塞巴斯蒂安："好极了。"

头儿："有什么事？"

塞巴斯蒂安："就是ZX BA5那个文件。"

头儿："嗯，怎么了？"

塞巴斯蒂安："是这样，我收到了邮件，数据都在里面，但我不太明白我应该做什么。"

头儿打开邮件一边看，一边说："唔，确实写得不太清楚，但是你只要对照AJK 758文件的数据就行，AJK 758文件就在32/dossier/projet 26/XX52文件夹里。试试看，把这些数据和2842号文件比较一下。"

塞巴斯蒂安："稍等，我得记一下。"

头儿："行，你记吧，赶紧的，我正忙着，我有事。"

塞巴斯蒂安："你能重复一遍吗？"

头儿："AJK 758文件就在32/dossier/projet 26/XX52文件夹里。试试看，把这些数据和2842号文件比较一下。"

塞巴斯蒂安："可是我在哪儿能找到2842号文件？"

有急事的头儿回答："当然是在客户数据库里。"

我们可以看出来，对话中的这名上级要求不算过分，即使他用了“当然”，那一句话有一点不太中听，很明显塞巴斯蒂安是应该知道客户数据库的存在的。

塞巴斯蒂安内心的声音独白

——我有时候不太会表达自己，何况我不清楚我们公司最大客户的系统运作方式和他们做事的方式。而且，他们说的内行话不太容易明白，他们看起来比我强很多，我已经来了两年，应该跟他们一样了解这个系统。

——我呼吸急促，我进来之前应该再准备得好一点，我有点词不达意了，可是我完全不明白他布置的任务到底是要做什么。

——放松，放轻松。我希望他没看出来你这么紧张。

——我根本记不住这些，我做不到记住他说的所有信息。他会发现我不行。

——他可了不得啊，他的工作也包括指导我工作，不然算什么头儿?

——哎呀呀，他这遍说得更快了。我根本记不下来。而且他也没告诉我到哪儿去找2842号文件，如果要他再重复一遍，会显得我很笨，可是我不知道2842号文件在哪里，我还是得问他。

——“当然是在客户数据库里”，……你看，很明显他瞧不起我。不能听之任之，你必须表现给他看你有能力做好。

通过比较可以看出，尽管我们能理解与上司对话可能会让塞巴斯蒂安感觉有压力，但实际上并不是如此夸张。主要是他内心的声音制造出不安感，并使他一直持续处于不安状态。我们可以看到塞巴斯蒂安内心自我批评的声音在多大程度上扭曲了他对这次谈话的认知，实际上，谈话本身并没有对塞巴斯蒂安的价值造成什么影响。因此，内心自我批评的声音对他的不安感负有部分责任，有时候负有主要责任。

理解这个现象是认知疗法的第一个步骤，通过认知疗法，我们有望找到降低不安感的办法。通过修正内心的声音，我们可以调整对自己、他人或环境所产生的过度消极的感觉。我们在书的最后一章（参见131页）会告诉大家一些秘诀和策略，不再让内心极端悲观的声音压制自己。

塞巴斯蒂安和他的上级还有他内心的声音的三方对话，揭示出了塞巴斯蒂安的心理恶性循环。在图2中，可以看到，这个貌似无关痛痒的场景发生时，塞巴斯蒂安正处于一个恶性循环之中。他表现出的症状互相影响，加重。与上级对话这个情境使他产生一种压力大、焦虑不安的情绪，这种情绪触发了他内心自我批评的声音，内心自我批评的声音反过来增强了他的焦虑感，而焦虑感又放大了他内心自我批评的声音，再次加重他的焦虑情绪。恶性循环由此而产生了。如何摆脱这个循环，从中解放出来？

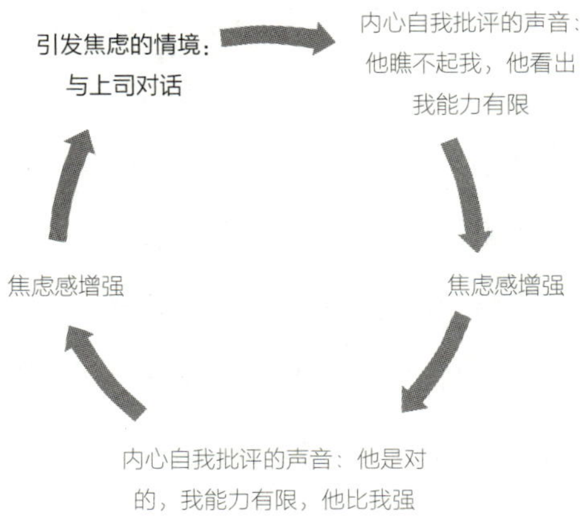

图2. 塞巴斯蒂安的恶性循环（功能分析）

情绪是一种力量，利用它

实际上，情绪的表达，与我们平时以为的相反，不是一种弱点，而是一种力量。比如，如果塞巴斯蒂安不是迎合他的上司，而是真诚地表达内心的想法，把握住内心自我批评的声音，进行自我肯定，他可以说："抱歉，可是我很难光凭记忆记住这个案子和你刚说的那一连串信息。你知道我现在正为公司做好多事情，手里的项目多得忙不过来。坦白地讲，你刚才提醒我怎么找这个文件时说'当然是在客户数据库里'，我真的觉得你好像认为我没有能力做好这个项目，你是这么认为的吗？"

这个回答看似有风险，人往往会害怕开诚布公地询问上级对自己的价值和能力的评价，因为这样会有暴露自己的风险。但是在实践当中，当塞巴斯蒂安向上级提出这个问题的时候，他的上级答道："不是这样。你要是熟悉寻找文件的流程，当然会让我节省些时间。我也一样手头有很多工作。你经常过来问我问题，干扰了我。但另一方面，我也很清楚你也手忙脚乱。大家都一样。如果你忘了流程，我宁可你过来再问我一遍，而不是自己瞎琢磨出错。省得到时候客户来找我麻烦。"塞巴斯蒂安颇感意外，而且松了一口气，由于他总以为自己应该什么都知道，从而不寻求帮助，因为求助在他看来是低头承认自己不行。

倾听内心自我批评的声音，是进一步发现我们的人生准则和条件认知模式的方法。我们已经看到，塞巴斯蒂安内心过度消极的声音是他不安的原因。当塞巴斯蒂安切实注意听他上级说的话，而不被他自己内心的声音误导时，他便认识到，上司说的话实际上并不像被他内心的声音扭曲之后那样负面。他重新接触到了现实，摆脱了令他痛苦的个人的片面理解，从那一刻开始，他感到轻松。

内心自我批评的声音会扭曲现实，这并非塞巴斯蒂安一个人的特殊经历。所有的人生准则，无论哪一种，都会出现这样的情况，尤其是“必须讨好别人”这种准则。

苛求，生命难以承受之重

安娜的经历就是“必须让别人高兴”这种准则的典型案例。谁从来没有面对过这样的困境？内心实在想拒绝，却无法对一个要求或提议说“不”。问题就是，我们不敢说“不”。我们觉得不能这样做，我们认为拒绝可能会伤害对方，对方会因此怨恨我们。

懂得拒绝，会提高“是”的价值

学会说“不”是自我肯定里的一大主题。懂得说“不”是一种给别人设定边界的方式，告诉他们：“这就是我的位置，这些我可以接受，这些我拒绝。”不要忘了，懂得拒绝会提高我们说“是”的价值。如果我们一味说“是”，它就会失去价值。当我们按照自己的意愿选择“是”或“不”，对方就会明白他能从我们这儿得到或得不到什么。学会说“不”能让我们保持个人的完整性。

不敢说“不”背后隐藏着一种人生准则

为了从这种屈服于他人愿望的束缚当中解放出来，我们要弄明白，不会说“不”是因为内心深处有一个根深蒂固的人生准则，它禁止你说“不”。内心的声音悄声说：“不，别说‘不’，他/她会误会，你会伤害他/她，你会引发矛盾，对方应该猜测你的需求，你不用向他提出要求。拒绝是很自私的，要想拒绝，你必须有充足的理由，自圆其说……”

这个阻止我们说“不”的内心的声音，是基于一个我们坚守的默认准则，其本质是“要让别人高兴”，总觉得别人比自己更重要（我们自己不如别人）。

正是因为我们已经完全接受了这样一种人生准则，它才时时刻刻出现。

在安娜的那个案例当中，这一点特别典型。

安娜在事业上和生活上都非常成功，然而她内心的感觉却很不好。她觉得自己被别人利用，觉得自己没有价值，认为自己是个容易受骗的傻瓜。她的这些想法在经过治疗交谈之后有了明显的改善，认知疗法让她挣脱了自己的人生准则——“要讨好别人”。

请跟我一起回顾安娜的治疗过程当中的几个重点，希望能给你自己的改变带来一些灵感。

安娜与屈从

安娜，45岁，是一名语言老师。她来找我是因为极度焦虑，对自己缺乏信心，她的日常生活因此受到很大的影响。

安娜将她与一位女性朋友之间的对话完全记录了下来。这段对话让她非常焦虑。她同时记下了自己内心的声音在对话过程中跟她说的话。

她详细地写道：“我现在的工作压力非常大，我只想休息，只想待在家不出门。一个朋友给我打电话，她有四个孩子，其中一个孩子是残疾。她活力充沛，喜欢到处看世界。我很佩服她。我不知道她是怎样同时兼顾家庭、工作和业余爱好的。下面就是我和她的对话。”

女友：“那么，我们什么时候见面呢？”

安娜内心的声音：“这一句话就能逼死我。她说这话的意思就是想让我请他们到家里来玩。确实，他们家上次邀请我们去玩了，但是才过两个星期，可以再等一段时间吧。我一点都不想招待他们一大家子。他们家大儿子太调皮了，他上次弄坏了我孩子房间里的好多东西。而且我还得绞尽脑汁弄出一桌菜，这个不喜欢蔬菜，那个不吃肉，小孩子也很挑。”

女友：“我们家下个周末有空。但是星期天中午会比较好，方便安排小孩。”

安娜：“正好，我们也是。”

安娜内心的声音：“你是傻还是怎么了？为什么要违心地说这些话？而且，她每次都带孩子来，而每次她请我们去她家都是晚上，还不带孩子。别自私了，她那个孩子有残疾，要早睡。按她的意愿做吧，你来想办法解决。他们是你的朋友，你很爱他们。”

安娜：“下星期一明天中午见！高兴地期待着你们来。”

安娜内心的声音：“我又被利用了。下一次我会告诉她我没空！”

安娜是表达自己真实的愿望（周日在家休息）还是听任内心的声音代她付出决定？

当然，你们都明白，掌握决定权的是她内心的声音。这个声音是安娜自己坚持的人生准则的反映——“要让别人高兴”。

如何意识到我们的行为是被我们的人生准则所左右的呢？通过问自己“为什么”。你知道，这是个有魔力的词！听听安娜和同盟的对话。

安娜：“可我没法拒绝她，她是朋友，我做不到对她说‘不’。”

同盟：“为什么？”

安娜：“你说得对。其实，我从来没有问过自己这个问题。我总是想也不想就表示同意，也不知道为什么。”安娜昂起头，试图甩掉束缚自己的枷锁，又说道：“该死，我受够了总是要让别人开心，也不问对我来说是否合适。但是我从小受到的教育就是这样，要让别人高兴，先想着别人，后想自己。想不这样都做不到。”

“为什么”这样一个简单的问题让安娜发现了操控自己行为的人生准则。

所以，倾听内心自我批评的声音，自问为什么我们无法做到一件事以及我们到底是怎么想的，很有意义，养成这样一个习惯吧！

硬币的正面：价值与美德/优点

我们在第三章里已经看到，当一个人彻底屈从于一种人生准则和自己消极的一面时，重要的是寻找相对应的积极的一面。通过问“为什么”“怎么样”“什么”等问题，你就能找到。

安娜经过和同盟的对话之后发现了对她来说重要的价值：友情。安娜的职业生涯已经到了一个重要的阶段，而在她与这位朋友对话之时，对她来说最重要的是工作和家庭，她还有孩子需要照顾。

价值之间的矛盾

那位朋友提出的请求使安娜看到她重视的两种价值之间存在矛盾：她想答应朋友的要求，实现友情的价值，而工作的价值要求她拒绝朋友的请求。

实际上，两种价值并不必然互相排斥。可以在某个时刻将某些价值暂时放一边，因为在那一刻，某些价值不那么重要，或者与当时的情境关系不大。这并不表示我们不再重视这些价值，但是这可以解释为什么当我们面对一个代表这种被暂时放在一边的价值的人时，我们会感觉不安。不安之感就是来自于不同价值之间的矛盾冲突。

这种价值之间的冲突可以揭示出我们遇到的大部分困境的原因。当我们被多种价值拉扯，左右为难时就会感觉难受。

因此，我们要找出矛盾所在，并学会容忍其所带来的情绪矛盾状态。要当机立断地决定某些价值先于其他价值，绝非易事，可能会让人觉得自己完全放弃了那些被置于第二位的价值，因而放弃了一部分自我。

一个人重视的价值是他精神世界的支柱，在此基础之上才有其为人处世之道。这些价值构成了一个人的自我荣誉感：如果我的表现与自己的价值观相符，我会为自己感到骄傲。

这些价值观来自于我们的童年经历，也往往是通过数代人慢慢地树立起来的。一般来说，我们会从养育我们的人那里继承在我们看来最重要、最值得钦佩的价值。我们会坚守自己非常重视的若干核心价值。但是生活在某些时候迫使我们不得不将另外的某些价值摆在第一位，纯粹是因为我们无法同时实现所有的目标。最大的困难在于放弃（哪怕只是暂时的）一种核心价值，这会让我们极度焦虑不安，几乎像是背叛了自我。这就是为什么不同价值发生矛盾时人会苦恼不堪。

进一步认识人生准则的重压

现在让我们区分一下。一个人在某种情况下没有拒绝，而在其他情况下懂得说“不”，这完全没有问题，因为他/她并没有彻底屈从于“必须让别人高兴这样”的准则。反过来，如果一个人从来都不懂得拒绝，在任何情况下，甚至在他/她想拒绝或需要拒绝的时候，他就会承受人生准则的重压，在生活的各个方面都被压得无法喘息。

安娜就是如此，她不仅不知道如何拒绝朋友的邀请，也不知道在工作中如何说“不”。这种普遍化的行为困难往往体现了人生准则的不可承受之重。

“必须让别人高兴，不能拒绝他们”准则的普遍化

安娜说在遇到左右为难、不知如何解决的情况时，她会独自承担，想要讨好别人，让别人喜欢自己或是为了获得价值感。她在跟一个学生的谈话当中主动提出帮她修改博士论文的一部分。过去一年里，这个学生完全没有跟她联系，结果，到

了安娜最繁忙、周末和晚上为了完成自己的工作而熬夜加班的时候，这个学生给她发来一百多页论文要她修改。

下面是安娜、她内心的声音和这个女学生之间的对话：

安娜："很抱歉，没办法马上返给你修改好的论文，我现在忙不过来。"

安娜内心的声音："当然啦，谁让她在我事情最多的时候发过来。尤其是想到她居然一年多没跟我联系，我本来可以这一年里从从容容地看她的论文。而且我跟她说的是一小部分，结果她给我发一大堆。"

女学生："问题是我下个星期就要见导师了。如果你能赶在我和导师见面之前给我就太好了！"

安娜："没问题，我尽快。"

安娜内心的声音："得了，又多了一桩事。总之这是你的错，你不该开口答应给她帮忙。下次你闭嘴不多说话。"

安娜："你愿意的话，你到时候修改一下，在见导师之前再发给我？"

安娜内心的声音："你还添乱，你是受虐狂还是怎样？"

女学生："然后，我可以发给你论文的引言部分，我不太确定研究计划写得对不对。"

安娜："没问题！"

安娜内心的声音："她干吗抓住我不放？我已经告诉她我有很多事。她一点都不明白。算我倒霉。赶紧去干活儿吧。"

安娜受制于自己的人生准则，强迫自己为这位学生服务，而不是满足自己真正的想法，给自己多留一点时间，让学生去找她自己的论文导师，修改论文是她导师的责任，而不是自己的责任。

安娜的人生准则对她来说举足轻重。安娜会迎合别人的意愿来避免让对方难过，怕对方认为她人不好。她以为，要让别人开心，永远都不应该拒绝。她不允许自己拒绝别人，因为她害怕影响她跟别人的关系。

拒绝一个请求并不等于抛弃对方

拒绝并不意味着拒绝对方，更不意味着拒绝我们与对方的关系。要明确说明拒绝的对象是不愿意做的事情（在安娜的案例中，拒绝的对象是马上改论文这件事）。拒绝的是某个具体行动，而不是一个人，也不是与其的关系。这表示，可以根据情况拒绝某些事而接受某些事。对方能够理解我们拒绝的是一个事情，而不是抛弃对方，也不是试图中断关系。那些不懂说

“不”的人往往很害怕伤害别人，让别人难过，因为拒绝而使关系破裂。简而言之，可以说，拒绝并不是拒绝提供帮助，而是拒绝在某些特定条件下提供帮助。

害怕拒绝某人而影响两人之间的关系，这一点在治疗当中需要得到极大的重视。我经常使用PPR[1]模式，这样可以就事论事，明确指出拒绝的对象是某个具体的事情而不是对方这个人，也不是我们与对方的关系：

PPR模式

这是一种能让你迅速将问题理性化的捷径。应用到安娜的案例上，结果如下：

P指问题：在这里，接受还是拒绝邀请朋友周日来家里玩，或者同意或拒绝修改学生的博士论文；

P指人：在这里，认为朋友或学生要求过分；

R指关系：认为如果拒绝，朋友或学生会与她断绝往来，至少会与她疏远。

1　PPR，即problèm（问题），personne（人），relation（关系）。——编者注

解决办法是懂得保护自己的利益

如果克服了对方会抛弃自己的恐惧，就可能将自己的利益摆在合理的位置。安娜知道了她自己的愿望至少跟别人的愿望同等重要，这个新的准则可以让她好好生活，同时并不彻底推翻“要让别人高兴”这一初始准则。

在这种情况下，硬币的正反两面重新统一起来，安娜可以继续为别人做好事、展现同情心，也可以在她认为合适的时候，考虑到自己的利益和对她来说重要的东西。

秘诀在于控制正反两面

人是由互相矛盾的正反两面组成，因此会出现双重性。根据情况和对话者见机行事，是一种学会如何控制正反两面的途径。根据对方的情况，看对方是否尊重我们，然后决定遵从准则；还是相反，保护自己的利益，不按准则行事。从而，安娜的善良和利他的优点将得到保存。

其实，为了保持心理的平衡和内心的一致，应该保留人生准则中对自己有利的部分：“要让别人高兴”是一种利他主义的准则，使人类和睦相处。我们不是要将一个利他主义者变成一个自私自利、拒绝任何人的任何要求的人，而是不把我们选择帮助别人和我们需要照顾自己这两种情形截然对立，两种情形都是我们自己。

安娜看到了联结两者的可能，因此感到无比轻松。可以对某些请求说“不”，不用时时刻刻让别人高兴，这个想法让她从准则的重压之下解放了出来。然而，一想到不再遵从这一人生准则，她仍然有些不安，这是她的条件认知模式在作怪，这是她尚未发现的硬币的反面。是时候揭开反面的真相了。

条件认知模式

为什么觉得自己必须利他、友善？为什么没有办法拒绝别人，害怕显得自私？

对这个问题，安娜的回答是：“如果我让别人高兴，我觉得自己是个好人，符合我想要利他、与人为善的意愿。”恶性循环就此形成了。请注意，条件认知模式以“如果”开头。

用恶性循环图来展示安娜的认知概念化，我们可以看到，朋友的请求引发了内心自我批评的声音。内心的声音告诉安娜，一方面她应该拒绝，但另一方面，为了服从“要让别人开心”的人生准则，她不应该拒绝。安娜因此情绪矛盾，一方面因为遵守了自己的人生准则而满足，另一方面又因为接受了她不想

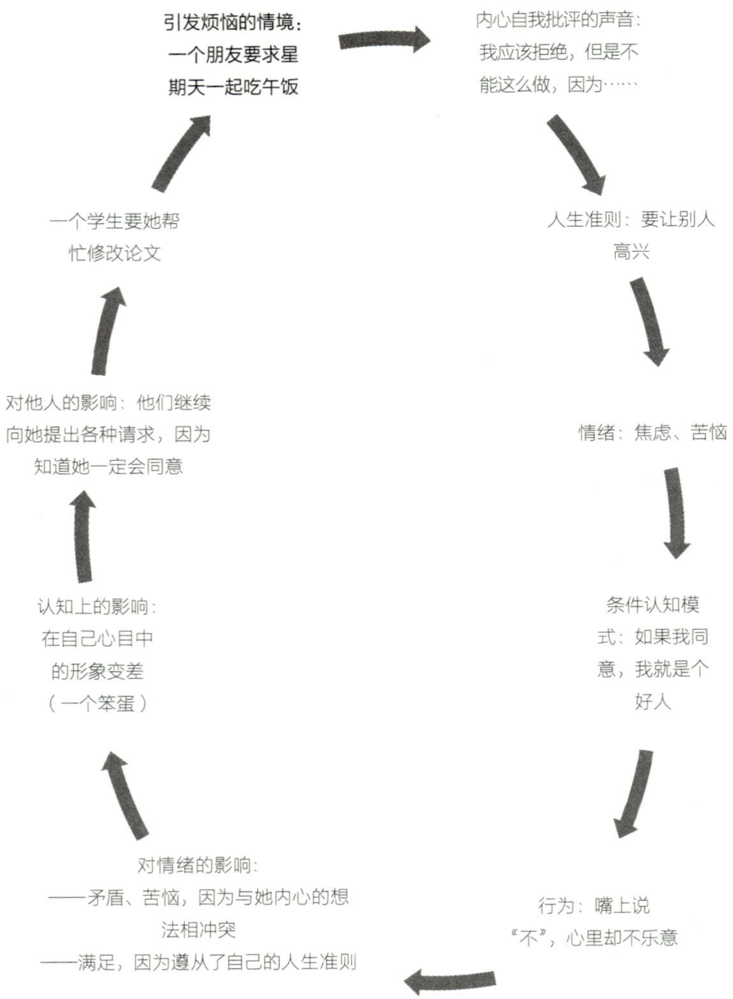
引发烦恼的情境：
一个朋友要求星
期天一起吃午饭
内心自我批评的声音：
我应该拒绝，但是不
能这么做，因为……
人生准则：要让别人
高兴
情绪：焦虑、苦恼
条件认知模
式：如果我同
意，我就是个
好人
行为：嘴上说
“不”，心里却不乐意
对情绪的影响：
——矛盾、苦恼，因为与她内心的想
法相冲突
——满足，因为遵从了自己的人生准则
认知上的影响：
在自己心目中
的形象变差
（一个笨蛋）
对他人的影响：他们继续
向她提出各种请求，因为
知道她一定会同意
一个学生要她帮
忙修改论文

图3. 安娜的认知概念化

接受的事情而不开心，觉得自己像个笨蛋。如果安娜永远不懂说“不”，她身边的很多人就会不停地对她提出各种请求。所以那名学生要她帮忙改论文，又使安娜陷入困境和恶性循环。

令人自由的人际关系

要从焦虑中解脱出来，必须有能力掌控自己的正反两面。放弃自我的一部分确实绝非易事。人的行为并不是宿命或注定的结果，总有可能改变。改变的途径不一而足。

如果我们试图觉察自己的意愿，在我们觉得应该拒绝的时候拒绝，我们会发现有些人会离我们而去。

这些人与他人维持着一种占有型关系。他们把拒绝视为对关系的排斥。因此，他们会因为偶尔的一次拒绝感到受伤，一次拒绝在他们眼里成了天大的一件事。这些人并不尊重我们，也不尊重我们的意愿。

为了接受这一现实，我们必须承认，那些无法接受我们的拒绝的人实际上是不尊重对方的人，他们与人的相处模式是一种占有型关系。相反，那些真正尊重我们的人，让我们做自己，他们与人的相处模式是解放型关系，并不会因为拒绝而生气、抛弃我们。通过培养这种自由选择人际关系的态度，优先选择解放型关系，我们最终可以让硬币的正反两面和解。

总而言之，以为自己必须答应一切要求的“笨蛋、好好先生”（也就是被称为“危险、有害的善良”）与“正确的善良”（也就是自己做主，对尊重我们的、值得的人以善相待），这两者是有区别的。这样，我们既能遵从自己的人生准则（“要让别人高兴”），尊重自己的美德/优点，又能保持友善、富有同情心、为别人服务的一面（硬币的正面），由此避免机械化地屈从于自己的人生准则，不再感觉难过，不再感觉自己被某些人利用和欺负。

为了更好地接纳自己，有时候我们有必要进一步理解自己的心理模式。通过寻找我们的人生准则在童年时期的起源和我们的认知模式，我们才能认识到，它们建立在我们从小对自己的一些看法之上。这些看法如此根深蒂固，变成我们深信不疑的想法，不受任何条件的限制，这也是为什么认知心理学家将之命名为“无条件认知模式”，区别于前文中已经解释过的“条件认知模式”，存在以“如果”开头的条件。

在接下来的第五章，我们将通过阿德里亚娜和塞巴斯蒂安的案例，介绍儿童时期产生的无条件认知模式。

第五章

摆脱童年的认知模式

Je me libère de mes schémas cognitifs infantiles

内心自我批评的声音源自童年时的认知模式

我在第四章末尾提到的无条件认知模式往往形成于童年，下文将进一步解释。

我们可以在治疗过程中询问患者，找出其条件认知模式在童年时期的源头，前提是必须先完成几个必要的步骤——有意识地倾听内心自我批评的声音，发现自己的人生准则，发现自己的无条件认知模式，认识到硬币的正反两面以及与无条件认知模式相关联的美德，理解正反两面的共存导致人的行为矛盾。只有在这些步骤完成之后，才能触及无条件认识模式，而且需要一位治疗师的帮助，因为患者的情绪反应总是非常大，颇为痛苦，需要有人陪伴，从旁协助。

以下是阿德里亚娜的案例和她的人生准则“必须配得上自己的位置”，通过这一案例来了解如何完成这一步骤。

冒牌货综合征：“要配得上自己的位置”

这个准则在那些自学成才、没有正式文凭的人身上很常见。我记得有一个企业领导，手下员工数万，他到70岁的时候还觉得每天早上都应该好好表现，显示他配得上自己的职位，好像每一天他都需要证明自己在公司里不是尸位素餐。

除了自学成才者，大部分对自己的价值不够自信、觉得自己的能力配不上自己的职位的人也遵循“要配得上自己的位置”这个准则。还有那些不曾上过学的移民，比如阿德里亚娜。

阿德里亚娜的人生经历

阿德里亚娜，45岁，俄罗斯移民，没有任何文凭。尽管如此，她的才干很快就被人发掘出来了。她在一家法国公司里身居要职，跟她同一级别的同事都有相当高的学历，阿德里亚娜因此有了心结。她觉得配不上自己的职位，因此必须不断地证明自己的能力。她把自己看成冒牌货，她内心的声音跟她说她达不到要求，配不上她的职位。这就是为什么她总是加班加点勤奋工作，以配得上自己获得的高级职位。但是随着时间的流逝，超负荷的工作令阿德里亚娜产生职业倦怠。她内心的声音建议她辞职，并反复告诉她，她不符合要求。实际上，从来没有一个上司要求她辞职，相反，公司努力想挽留她。

倾听内心的声音

觉得自己配不上被赋予的任务或是配不上获得的东西，在这种情况下，治疗师的工作首先是要理解发生了什么事。就某个个案而言，首先要记录患者的情绪及其内心自我批评的声音所说的话。

阿德里亚娜叙述了她与总经理的一次对话，还有她内心自我批评的声音，她称之为“脑子里的电台”。

总经理一言不发，在找自己的笔记。

阿德里亚娜内心的声音：“我得说点什么来打破沉默，不然我就会显得很紧张。”

阿德里亚娜："你周末过得好吗？天气这么阴沉。"

阿德里亚娜内心的声音："这话题太没意思了！我真是个平庸的人啊！总能找出点有新意的话题吧？我的工作计划肯定也是如此，他会觉得毫无新意，全是老套路。"

总经理："还不错。我们带孩子去了海边，阳光灿烂。"

阿德里亚娜内心的声音："他回答得平淡无奇，因为我的问题平淡无奇。还有，问他的家庭生活，多不合适啊！我应该找个不涉及隐私的话题。"

阿德里亚娜："啊，是吗？你们运气真好！这里整个周末都灰蒙蒙的，一直下雨。"

阿德里亚娜内心的声音："好哇！真有新意啊！真是越说越没劲！都11点了，他肯定已经听到至少三个人谈起上周末的天气。我应该找个新鲜点的话题。还有，继续谈论他的私生活，真不是好主意，我应该换个话题的！"

阿德里亚娜："对了，这个项目我有了一些进展。我很想听听你的意见。"

阿德里亚娜内心的声音："真行！换话题不一定就要马上开始谈论工作啊！我真是个直来直去的好学生，无趣又惹人厌！他肯定会觉得我一点都没意思。"

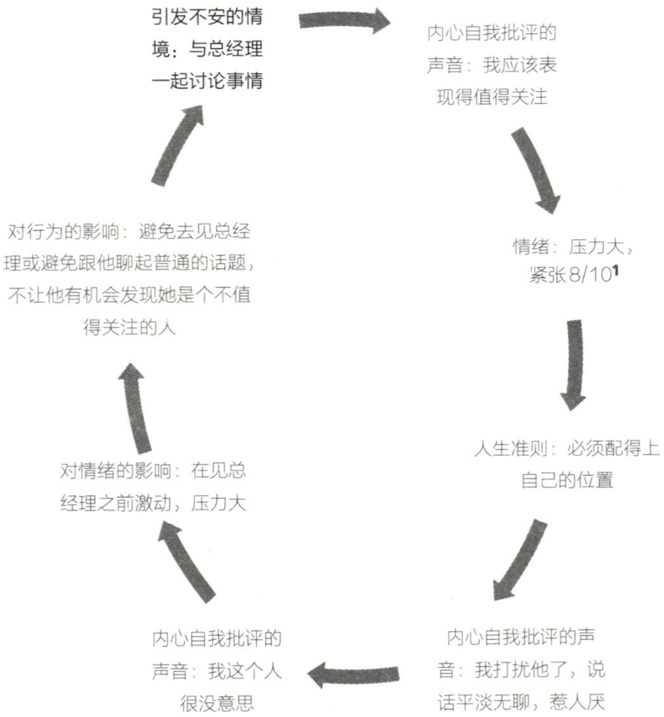

图4. 阿德里亚娜的恶性循环

1 即压力程度在以10分计时，达到了8分。——编者注

从阿德里亚娜与总经理、与自己内心的声音之间的对话节选，我们看出阿德里亚娜陷入了这个恶性循环。

她去见总经理的时候（引发问题的情境），她内心自我批评的声音告诉她："你要表现得值得关注一点。"这肯定会带来极大的压力，因为她的人生准则是"要配得上自己的位置"。她内心自我批评的声音将这种压力进一步放大，对她说："我打扰他了，说话平淡无聊，惹人厌。"它甚至说："我是个很没意思的人。"结果是，阿德里亚娜每次要见总经理之前都会觉得压力巨大，因此试图避免去见总经理，害怕在他眼里显得平庸无趣。

阿德里亚娜的人生准则逐步确立：

1. 她的无条件认知模式是，她是个不值得关注的人。

2. 正因为她害怕显得不值得关注（无条件认知模式），所以她形成了一个条件认知模式，一个使她不再显得不值得关注的条件："如果我表现得值得关注，我就配得上我的位置。"条件认知模式（硬币的反面）是对"要配得上自己的位置"这一准则的反应。这个准则是使硬币正面和反面紧紧结合在一起的黏合剂。一旦发现了这个恶性循环的存在，要做的是理解它的源头和原因。阿德里亚娜一直被她的认知模式所左右。

言词的分量，恶的冲击

如果我们注意阿德里亚娜内心的声音说的话，可以发现它使用了一些表示价值判断的词语，比如，值得关注。

如果我们想深入分析这些词语的意义，可以让阿德里亚娜具体解释这些词所代表的价值判断。这个对词进行定义，这个方法可以让我们发现无条件认知模式。在这个案例里，“值得关注”这个词的意义是什么？对每个人来说，它的意思是不一样的，取决于每个人的个人经历。接下来我们来看看同盟如何利用词的定义得到有用的信息：

同盟：“你经常跟我说你是个不值得关注的人，这不是第一次听你说起。你为什么觉得自己没意思？”

“为什么”是一个有魔力的词，它能帮助我们深入了解认知概念化，找到患者正在经历的深层意识。

阿德里亚娜：“我没有任何文凭，无法面对总经理这个高学历的人，而且他的所有下属都有高学历，除了我一个人。”

同盟：“那么在你看来，没有学历意味着什么？”

阿德里亚娜："我是冒牌货。我占着不属于我的位置。"

同盟："后果是什么？"

阿德里亚娜："我占了别人的位置，法国这么多失业的人。而且，我还是个俄罗斯移民。"

同盟："如果我没理解错，你觉得在法国没有你的位置，在这个公司做高管也不应该是你的位置？"

阿德里亚娜哭了，说："是的，就是这样。我觉得我是冒名顶替。"

同盟："当你说你冒名顶替，你的感觉是？"

阿德里亚娜："我觉得焦虑不安，难过，有负罪感，觉得自己占了原本属于别人的位置。"

对阿德里亚娜来说，"不值得关注"和"冒名顶替"相关。她觉得自己没意思，因为她冒名顶替得到了高管的位置，是冒牌货，而不是靠她在别人眼里的价值。

阿德里亚娜陷入一个恶性循环，这个恶性循环进一步增强她自认为冒牌货的认知。

认知概念化的原则仍然还是：某个情境引发情绪，内心的声音重复某人自己对自己的看法，重复他/她的无条件认知模式。渐渐地，这个人离现实越来越远，内心自我批评的声音占据主导地位，越来越受到重视，不安情绪占了上风。

可是阿德里亚娜是从哪里得到“自己是个冒牌货”这个想法的？通过对阿德里亚娜童年时期的回顾，寻找这个想法的根源，我们可以认识到无意识认知模式的形成过程。但首先要认识到，我们总是焦虑、矛盾，是因为我们的反面和代表价值、美德的正面是紧密联系在一起的，正反面之间的黏合剂是人生准则。

硬币的正反两面

到这儿，我们可能会问，阿德里亚娜的正面也就是她的价值和美德是什么？我大概介绍一下她的简历，让你们来猜猜她的最大优点。她从俄罗斯移民法国，从18岁开始完全自立，一到法国就开始工作，一步一步地升职，做到了高管，同时靠她一己之力给在俄罗斯的家人提供了经济资助。

你可能会想，她的优点是勇敢。确实，阿德里亚娜是凭借自己的勇敢而取得成功的。如果她能承认她并不是鸠占鹊巢的冒牌货，而是凭借自己的勇气成功的，那么她就能展现自己的正面而非负面。她应该把自己看作一个冒牌货还是一个勇敢的女性？

无条件认知模式在童年时期的根源

同盟采用苏格拉底式提问方法，找到了无条件认知模式的根源。

同盟："你是从什么时候开始认为你是个不值得关注的人，配不上自己的位置？"

阿德里亚娜："我母亲不想让我七岁前去上学。我非常想去！她告诉我我不够格。我们家很穷，我没有去学校上学的条件。"

儿童时期的认知模式往往有存在的理由。因为家境贫穷，在阿德里亚娜原来居住的地方，没钱就不能上学，所以她没能读书。在这个条件下，我们知道她给自己设定了极高的成功准则，她要争取到自己的位置，并且要配得上这个位置。

在阿德里亚娜成长的那个环境里，形成这样一种人生准则是完全现实合理的，但是到今天，这样的人生准则已经没有存在的理由。她有稳定的收入和经济能力，她不再面临风险。在她与总经理交谈的时候，童年时期的想法和认知模式通过她内心自我批评的声音再次出现。

此外，阿德里亚娜说得很清楚，因为她妈妈没送她上学，所以她觉得自己是个不值得关注的小女孩。在她小孩子时的头脑里，值得关注的孩子才有未来，才会去学校上学。

如图5所示，概念化的起点是我们为自己定下的人生准则，在这个案例中，准则是“要配得上自己的位置”。为了满足自己的人生准则，阿德里亚娜给自己设定一些限制条件，即所谓的条件认知模式：“如果我成功，我就配得上自己的位置。”为了实现这一条件，阿德里亚娜努力付出，移民到了法国并做到了高管的位置。可是，当她面对一个质疑她凭能力获得成功的情境（与总经理面谈）的时候，她再次痛苦地发现，自己的无意识认知模式又冒了出来。认为自己不值得关注、达不到要求的感觉占据了主导地位。因为受到儿时经历的影响，她觉得自己是冒牌货，这使她确信自己配不上自己的位置。这一切使她极为不安，因此她刻意避免凸显自己。这种逃避的行为反过来加深了她认为自己不值得关注的想法，必然再次巩固了她的无条件认知模式——“我是个不值得关注的人”，而这个无条件认知模式建立在儿时家境贫寒，无钱上学，因此她不够格这一事实的基础上。恶性循环就此形成。

阿德里亚娜真的是个不值得关注的人？还是她以为自己不值得关注？

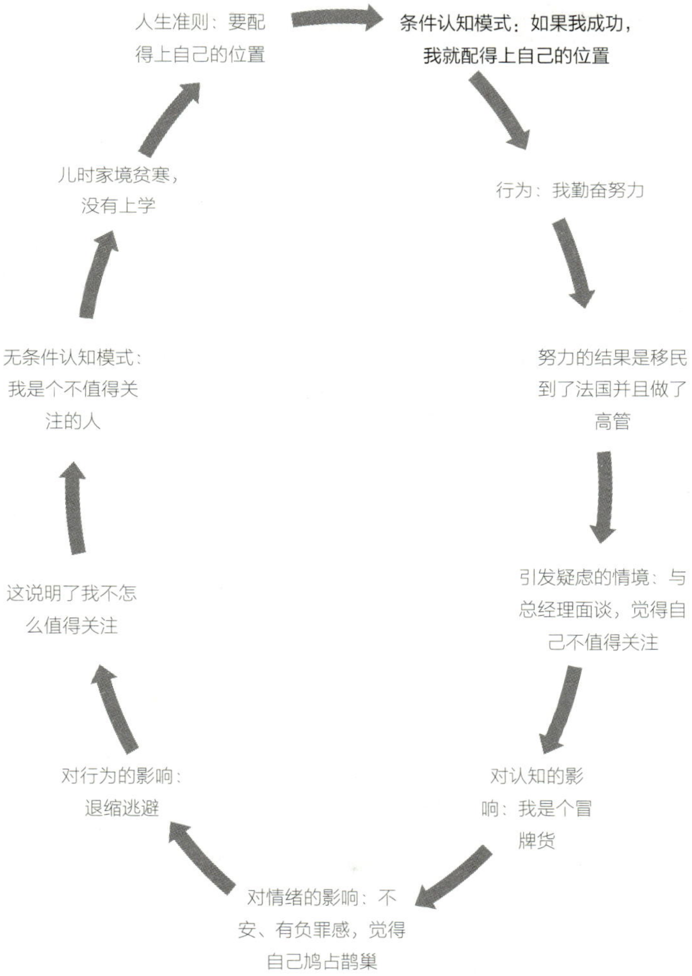

图5.童年认知模式以及准则和模式自我确认的概念化

认知模式只是一种看待自己的方式、一种想法，并非现实

我们每个人都习惯于自己的无条件认知模式，不再探讨它的基础，也不追问它是否适用于当下经历的现实。我们中间有谁不曾认为自己不值得关注？肯定有很多人曾经这么想过。有自己固定的认知模式很正常，我们每个人都有。但是这种模式变得毫无弹性、褊狭、在大多数情况下一成不变地出现，最终会使我们以为这种认知模式是对的，比如，真的以为自己不值得关注。

如果这个自我观从童年起始终不变，无视我们付出的努力、获得的成功、遇到过的困难——简而言之，无视我们的人生经历，它就开始扭曲现实，让我们看不见那个已经变得不一样的今天的自己，让我们怀疑自己，这个自我观就变得有毒害了。仿佛我们的过去和我们印象中留存的自我形象凝固成了一座不可动摇、顽固不化的塑像（“你就是个冒牌货罢了”）。

为了解决这个问题，还需探究这个自我观的根本，问自己这个问题：“我真的是一个不值得关注的人吗？还是我把自己看作一个不值得关注的人？”

要意识到，认知模式只是一个人在某个特定时刻看待自己的一种方式。留在你印象中的自我形象如同一张塑料薄膜，紧

紧地包裹着你，你无法撕掉，也许一辈子都摆脱不掉。

问题的关键是，我们心知肚明，自己的认知模式反映了部分真相。我们觉得自己没意思、不值得关注，因为我们很清楚有时候我们确实很没意思！但是真正的困难在于我们始终认同这个想法，分不清部分事实和全部事实。其实在生活中，有些时候我们确实没什么值得被人关注的地方，需要自我反省、提高自己；而有些时候我们根本不缺少值得被人关注的亮点。这该归咎于我们内心自我批评的声音对我们太过苛求。这个持续对我们进行批评的“电台”阻碍我们成功和自由发展。因此，如果你发现自己正是这样，那么一定要学会回应你内心自我批评的声音，这极为重要，最终才能将你自己解放出来。为此，我会在第七章里介绍一系列方法。

在第七章里，你还会看到我给阿德里亚娜提出的解决办法，让她更好地应对内心自我批评的声音（参见147页的“关注对话者”）。

认知模式的根源：“我是个无能的人”

现在，让我们来看看另一个无条件认知模式的案例——

塞巴斯蒂安。我们在上一章里已经知道，他为了发现自我，一直在进行治疗。你们应该还记得塞巴斯蒂安的情况，他跟上级交谈时很紧张。他的苦恼并没有完全消除，因此不可避免地需要继续进行心理治疗。

对于大多数案例而言，通过找出人生准则（将硬币的正反两面结合在一起的黏合剂），发现价值与美德/优点（硬币的正面）以及条件认知模式（硬币的反面）这几个步骤的治疗就能减轻焦虑。

然而，在心理治疗中，对于某些患者来说，上述治疗虽然能使他们有所改善，但是效果仍显不足。这时就需要找出他们的无条件认知模式，即他们对自己的负面看法，这种负面看法对他们造成了障碍，往往要挖掘他们的过去才能深入理解。

一旦意识到过去痛苦的经历，通常就能解释为什么这些患者在经历稀松平常的生活情境时，会感到极度焦虑不安。在寻找不安的根源这一过程中，我们坚信不疑、视为根本的人生准则可能会被推翻。这就是为什么这个步骤往往很难独自完成，需要同盟的协助。如果这个步骤引发过度的焦虑，务必咨询专业心理治疗师。

理解恐惧的根源

通过苏格拉底式提问，使用第三章中介绍的有魔力的疑问词，可以引导一个人发现其恐惧的根源。然后可以针对恐惧的意义和内心的声音所使用的关键词提出疑问。在阿德里亚娜的案例中，我们学到了如何使用词的定义这个方法。现在我们要将这种方法运用到塞巴斯蒂安的身上。在跟上司交谈之后，塞巴斯蒂安觉得上司会认为他是个无能的人，担心自己很快就会失业。

在这个情况下，重点在于理解失业对于塞巴斯蒂安来说意味着什么。

词语的意义

失业的意义对于每个人来说并不是一样的。有些人认为失业是不可挽救的大灾难，对他的生活造成威胁。有些人对这个问题看得比较开，觉得自己是运气不好，失业在当代社会中是常见的事件，并非自己的责任，不认为问题在自己。换句话说，对于生活中的遭遇，要把握的重点是它在每个人眼里所代表的特定意义。

下面来看看同盟如何帮助塞巴斯蒂安分析失业在他眼中的深层意义：

同盟："假如你失业了，你会怎么样？你在自己眼里的自我形象会是什么样？"

塞巴斯蒂安："我会觉得自己无能，是个失败者。"

同盟："你身上会发生什么情况？你身边会发生什么变化？"

塞巴斯蒂安："我妻子会忍受不了跟一个失败者在一起。她很可能会离开我。我在孩子们眼里又会是什么样？就算我妻子有工作，还得养活孩子呀！"

同盟："假如你被自己和其他人看作失败者，你眼中的自我形象会是什么样？"

塞巴斯蒂安泪水盈眶，答道："我是个无能的人，而且我父亲一直这么暗示我，他从来没觉得我这个儿子有本事。他偏爱我哥哥。"

同盟："到你现在这个年纪，难道还由你父亲来判定你的价值吗？"

塞巴斯蒂安："不，不由他。"

塞巴斯蒂安慢慢地恢复了平静。

同盟："什么让你觉得你父亲说的是对的？"

通过以上这个苏格拉底式提问，我们找到了塞巴斯蒂安的无条件认知模式——“我是个无能的人”。注意，这只是一个想法，塞巴斯蒂安自己形成的看法，并非现实。

这种对自我的看法使人充满焦虑地预期生活里的各种事件，反过来又被后者进一步激发。因此，对自己的看法滋生焦虑，焦虑被现实情况证实，现实情况反过来使人越发肯定自己的看法。就此形成“完美”的恶性循环。

情绪之桥

在塞巴斯蒂安的认知概念化图中，你可以看到，在发现他的无条件认知模式“我是个无能的人”之后，他的过去跟现在连在了一起，构成了一个恶性循环。在塞巴斯蒂安的脑子里，他的上司证实他是个无能的人，使他回想起父亲过去常常跟他说的话。这就是所谓的认知模式的激活。无条件认知模式从小就形成了，在整个一生中持续不变，会在某个情境引发不安的时候突然出现在当下。

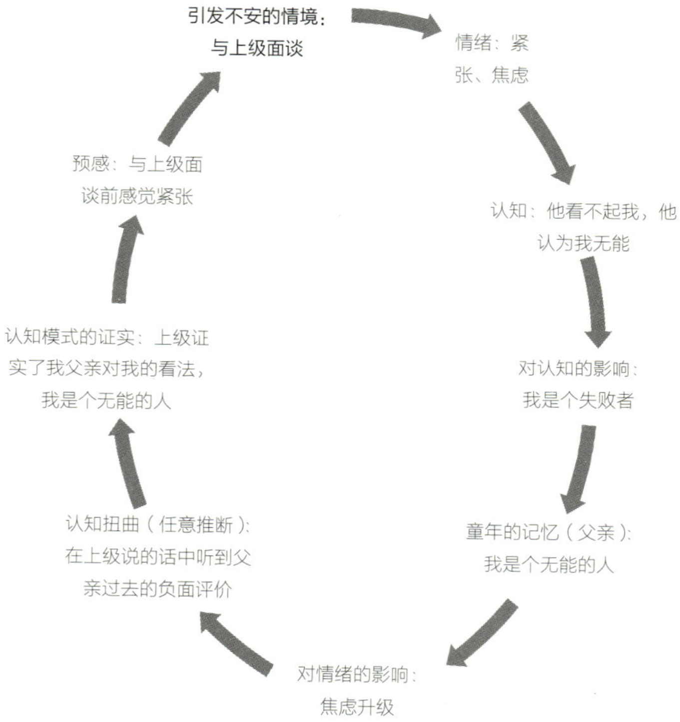

图6. 塞巴斯蒂安的认知概念化与无条件认知模式的激活

其实是过去的情绪记忆化作不愉快的感觉卷土重来，我们在那一刻不知如何解读这种情绪，因此觉得无法理解。然而，值得注意的是过去的情绪与现在的情绪之间的相似之处，尽管前后所经历的情境完全不同。借助认知概念化的解读，你会更快地认识到你是在重温经历过的情绪。

因此，我们的认知模式将过去与现在联系在一起，我称之为情绪之桥。通过训练，你也可以在当下的生活中觉察到过去的一幕幕，听到身边人的声音，从而更好地控制内心自我批评的声音，必要的时候可以运用第七章里介绍的诀窍（参见131页）。

情绪如同卫兵，引向重大的自我发现

塞巴斯蒂安提到他与父亲的关系时情绪非常激动。回顾他的人生经历，看看在那个时期发生过什么事情，就可以解释塞巴斯蒂安为什么有这样一种令他痛苦不堪、感觉自己不如人的认知模式。

如果你也有类似的情况，回想一下你身边的人对你的态度，可以直接与你的父亲或母亲或其他亲近的人进行讨论。

将你对过去重塑后的记忆与父母亲等人的记忆进行对照，

在大部分案例中，那些看你从小长大的人（父母、叔叔婶婶、祖父母等）会给你带来更多信息，往往是比你记忆当中的更正面积极。

在心理治疗中，我经常惊诧地看到，许多孩子从小被父母贬低，尤其是上一代或上上一代。在那个时代，儿童在社会中的地位远远不如今天的儿童。孩子没有发言权，只能沉默，根本不像今天的孩子这样受到家庭的重视。30年之后，你已经成年，此时你与你自己疼爱的孩子进行比较，会觉得自己当年没有被善待。确实，结果常常如此。当你回溯自己的人生经历，你会意识到这其中掺杂着个人的感受，因此被记住的负面信息较多，正面信息较少。

想得到父亲赞许的小男孩可能深深记住父亲随口一句批评，却不一定留意到每一句称赞。为了复原过去的经历，你可以问问身边的人，重新拿出你的成绩单和相册，和你的父亲、母亲、家人、童年时的朋友一起回忆。

对塞巴斯蒂安来说，重新梳理自己过往的经历非常重要。与父亲母亲长谈之后，塞巴斯蒂安认识到父亲曾多次通过实际行动表示过对他的爱。塞巴斯蒂安的母亲告诉他：

你知道，你父亲很少用言语来表达自己。确实，我注意到他极少跟你说他觉得你是个好孩子，但他是这么认为的，他经常这么跟我说……你瞧他多宠你，在你的事业上给了你多大帮助。你以为他不爱你，实际上是他不会表达他的爱。他并不偏爱你哥哥。他觉得你脆弱。他确实偶尔批评过你，但是为了激励你，其实他是想帮你。

塞巴斯蒂安告诉我这段话的时候眼里含着泪水：

当我母亲跟我说这些，我确实回想起来我父亲曾在每个星期天早上带我去钓鱼。我那时跟他的确不曾交谈，但我现在意识到我能跟他一起时他很高兴，我也意识到他带我去钓鱼是用他的方式在赞许我、重视我。而且他也不是随便带谁去钓鱼，他只带我去钓鱼……

这并不是否认塞巴斯蒂安或其他患者过去经历的真实的伤痛，仅仅是要认识到我们自己对自己的过去进行了重塑，夸大了负面影响。

不幸的是，存在童年时期遭受暴力虐待的案例，完全真实的经历，会带来另一些不同的问题，我们需要更加谨慎地进行治疗。

痛苦的过去

我想明确指出，我治疗过的某些患者曾遭受亲人施加的极为过分的暴力伤害，留下了痛苦的记忆。在这种情况下，与身边的人一起回顾复原过往经历的做法需要非常谨慎，必须求助于专业心理治疗师，这一步绝对不能省。

此外，在这些案例中，我常常发现，他们的过去会被遗忘。多个患者告诉我，他们对童年没有任何记忆。记忆缺失通常应该被尊重，因为这可能是一种自我保护的方式，忘却过于痛苦的过去。对于另一些患者，一提起过去就会引发恐慌症、止不住的眼泪和无法控制的反应。同样，这种情况在我看来也必须求助于专业的心理治疗师，才能回顾、恢复过去的记忆。

在这两章当中，塞巴斯蒂安、安娜和阿德里亚娜的案例帮助我们理解了认知概念化的治疗方法。也许，在这几个作为方法论实例的人生准则中，你还没有完全找到与你自己相同的情况吧？

在下一章里，我们将简要介绍另外几种人生准则。

第六章

人人解放自我

À chacun de se libérer

被爱，跟别人一样，为人正直，把控一切，藏拙，为成功而拼搏，直奔主题……

这些都是常见的人生准则，都可以指导或阻碍我们的行为。当这些人生准则变得太令人压抑时，从中解放出来可以减轻我们的一部分焦虑。前提条件是必须找出你的人生准则并理解它。这是我们在本书中一直强调采用的方法。第一步，有意识地倾听内心的声音，找到人生准则，接着理解人生准则的作用，弄明白它是如何同时铸成我们的快乐和痛苦，揭示出我们的正反两面。第二步，理解人生准则如何左右我们的行为——往往在我们毫无意识的情况下。最后，必须理解人生准则在童年时期如何形成，我们的家庭、环境、文化和祖父辈对其产生了怎样的影响。人生准则体现了我们精神层面运作的方式，多种多样，不一而足。接下来我们要介绍其中几个尤为常见的人生准则。

针对他人和社会的人生准则

上几章里我们看到的那些人生准则有一个共同点：针对自身，要求极高："要成功，要配得上自己的位置，要讨好别人，不能让人失望……"不过，准则也可能针对他人和周遭环境。

针对他人的准则

比如以下准则：

——"应该理解我。"

——"别人都是坏人……"

——"我需要爱和肯定的时候，别人都应该喜欢我、肯定我。"

——"别人应该帮我得到我想要的东西。"

针对周遭环境的准则

“不应该是这个样子。应该永远是晴天。经济应该让我们越来越富足。所有人都应该诚实，公正。世界上不应该有战争……”

在这些要求他人和周遭环境的准则中，有一种心怀期待而不满意、永不满足却指责别人的意味，可以总结为我们经常听到、经常说的一句话：“不是我的错。”埋怨别人，埋怨整个地球，仿佛个人的幸福完全取决于周遭环境。这种说法与我提出的治疗方法存在矛盾。我此前介绍的治疗方法是基于对自我的理解以及有意识的决定（对自己有利的选择）。这种疗法的根本理念是，我们对自己的个人成长发展负有责任，尽管我们并不是对所有发生在我们身上的事负有责任，当然，我们经历过的烦恼、别人身上的问题和周遭环境的问题，并非都是因我们而起的。我在心理咨询当中常常这么说，尽管我明白，心理问题与环境中发生的事件——也就是外部因素——之间存在因果关系，但作为心理治疗师，我既无法改变你的周遭（无论过去的或现在的），也无法改变你的童年经历，更无法改变我们所存在的这个世界。我的任务是带给你一些工具，帮你更好地理解自己、理解周围的人和周围的世界，目的是能够有意识地感受和体验对你来说最重要的东西和人生的意义。

你可以根据你的想法采取相应的行为，选择你与他人的关系，在不同情况下决定对你来说最重要的是什么、什么才符合你的价值观。

内部归因与外部归因

认知心理学家证明，每个人都有自己的思维方式。因此，一个人在寻找问题根源时的归因方式决定了如何理解其心理运作方式，分为外部归因和内部归因两类。

有些人倾向于将所有问题和错误的责任完全放在自己身上。这些人属于内部归因（原因在自我内部），他们认为问题出在自己身上。这类人的正面是他们具有极大的责任感，不推卸责任，而反面就是负罪感过强。另外，这本书中已经介绍的大部分案例属于内部归因型。

相反，一些人倾向于把自己的问题归因为外部，他们认为问题的根源是别人或者环境，这类人属于外部归因型。在这种人身上，正面是他们没有过多的负罪感，不怀疑自己，不那么痛苦。反过来负面则是自我反省不足，不承担自己的责任，认为该由别人来解决问题。

不论是哪一种思维方式，改变自己的人生准则从来不是一件容易的事。但是，要想把自己从中解放出来，第一步必须承认，即使别人对我们遇到的问题负有责任，如果我们想改变现状，仍然要靠我们、靠我们自己来找到解决办法。

“应该跟别人一样”

“应该跟别人一样”这一人生准则，在我见过的患者身上体现为非常强烈的焦虑感，认为自己在社会中格格不入。

下面两个简单的例子可以说明问题。在这两个案例中，两位患者有同样的人生准则，但表现形式完全不同，原因各异。所有的准则都是一个参照物，重要的是理解其运作方式，并找到形成这个人生准则的个人因素。

多罗蒂的故事：“我跟别人不一样，我很孤立”

多罗蒂，40岁，是公司高管。她经常主持工作会议（十来个人）。她觉得最羞辱的事情是别人出其不意地提问时她会脸红。她患有赧颜恐怖症（害怕脸红而引起的一种焦虑），在工作会议过程中，如果有人突然提问，她会非常不安，因此来进行心理咨询。

在我的帮助下，多罗蒂尝试了通过认知概念化疗法，理解她自己的问题根源所在。她找到了自己内心自我批评的声音："你又要脸红了，他们会看到，他们会看出来你不自信……你跟他们不一样，你不同……他们是很有自信的……"然后发现了自己的人生准则——"要跟别人一样"。这个人生准则基于多罗蒂的条件认知模式：她觉得"如果我不让人发现我脸红/感到意外，我就会被别人接受"或者"如果我跟别人一样，我就能融入集体"。我们可以理解，在这种条件限制之下，只要她还认为脸红是一个问题、一种弱点，她就会想尽办法变得跟别人一样，避免引起别人的注意。

硬币的正面

通过分析自己的条件认知模式，多罗蒂认识到了自己的正面，即她的美德/优点和品质。以前，她看不到自己的正面，当我提及她的品质和美德/优点时她觉得很惊讶。

她有哪些品质和优点？你可能已经通过以上简单的介绍发现了她的优点：谦逊、谨慎、尊重、利他和同理心。她是一个与别人保持良好关系的人。她对人感兴趣，没有人际关系方面的问题。她周围的人都说跟她一起工作很愉快。

多罗蒂接受了心理治疗，发现了自己的无条件认知模式，即她对自己一直以来的看法。大体上，她从小就认为自己跟别人不同，孤立，不值得被人关注。即使是现在，在工作会议当中，她还觉得自己是这样的，实际上在工作和社会环境中她已经完全融入。

感觉自己融入集体才能觉得自己是个值得被关注的、有价值的人，这种需求被称为社会自尊：如果我觉得别人承认我的价值，接纳我，我会承认自己的价值。反过来，如果我觉得被别人抛弃，或觉得自己和别人不同，我会深深地怀疑自己，我的自尊就会崩溃。

卡特琳娜的故事："我很另类，跟别人不一样"

接下来看看卡特琳娜的例子，她的人生准则和多罗蒂的一样，也就是"要跟别人一样"。通过认知概念化，我们会发现，虽然她的人生准则与多罗蒂的相同，但原因完全不一样。

卡特琳娜，47岁，已婚，有两个孩子，是一家银行的中层管理人员。与一位女同事闲聊的时候，那位女同事告诉她，她和别人不一样。

在这种情况下，卡特琳娜感觉焦虑、羞愧，同时还有一种强烈的不安。她内心自我批评的声音告诉她："她发现了你是另类，你知道你自己不正常，你做事不按常理。"

通过治疗我们可以发现，卡特琳娜对她自己的看法，即她的无条件认知模式，就是"我是另类"。为了逃避这种另类，卡特琳娜选择了相反的态度，极力表现得跟别人一样。这叫"认知模式的反攻"[1]。反抗自己的认知模式，采取完全相反的态度：为了不做另类，表现得跟别人一样。显然，违反自己的本性是很难的。卡特琳娜认为，自己的行为举止跟别人一样就会被人接受和喜爱。当我告诉她世界需要多种多样的人，最另类的人在社会当中也有他们的位置，她感到豁然开朗。我引导她注意到这样一个事实，她身边的人中有几个，比如她的丈夫，还有几个她每天打交道的人，都被她的与众不同所吸引，觉得她真的很独特，于是她的自我感觉好多了。

卡特琳娜正在转向自己积极的一面——到目前为止，她自己没有意识到的正面，她发现了自己的优点和品质：能力强，工作好，效率高，速度快，还有个性独特。

1　杰弗莱·杨和J. S. 克洛斯科，《重塑自己的人生》（*Je réinvente ma vie*），同前。——作者注

在治疗过程中，卡特琳娜在自己过去的经历中，找到了让她不接受自己是另类的原因。她小时候是左撇子，她父母，尤其是学校的老师不喜欢她这点。他们把她的左手绑在背上，强迫她用右手写字。很快，她觉得自己跟别的小学生不一样。后来，她因为天分高，行为表现与众不同，从而进一步加深了她对自己的负面看法，觉得与众不同是件坏事。

“无论怎样，别人应该都喜欢我，欣赏我”

“我需要别人喜欢我”是心理咨询当中最常听见的一句话。我们当中又有谁不觉得需要被人喜爱和欣赏呢？每个人都想被人肯定、欣赏、喜爱，但是，在有些人身上，这种对爱的需要——我在此前的书中[1]称之为“对获得别人肯定的需要”——成了一种挥之不去的执念，问题就此产生。去认同这一人生准则的人会不断地寻求别人的肯定和爱，一想到被人否定、被人讨厌，认同甚至只是被人批评，就会非常恐惧。

---

1 弗雷德里克·方热，《医治受伤的自信》（*Oser. Thérapie de la confiance en soi*），Odile Jacob出版社，2003年。——作者注

24岁的莱亚就是一例。她在一家公司做实习生。她因为实习负责人的一句批评而反应强烈，非常焦虑。她内心的声音不断地冒出来。这种情况在她身上频繁出现，因为这个问题，她已经在工作当中遇到了不少困难。

莱亚内心的声音

莱亚在我的建议下，花时间注意倾听自己内心自我批评的声音："他说得对，你不适合这份工作，你做不来，他会发现你做错了事，他不会给你开实习证明。太糟了，他肯定认为你一无是处，工作做不好，小心，千万别说你不知道。"

通过倾听内心的声音，她发现了自己的条件认知模式："如果我能掩盖自己的不足，如果我不说我不知道，我就会被认为有能力。"问题是，这种解决方案，这个条件认知模式，尽管曾一直行得通，但当她面对重大的职责时却失败了。她做不到妥善处理一切，这令她极为焦虑。但是，她必须接受自己并不是什么都知道，需要求助于公司同事这个事实，因此她再也不能掩盖自己的不知道。发现自己的条件认知模式（"如果我掩盖自己的不足，我就会被认为有能力"）失败，再也无法掩盖自己的不足，她怀疑，担心，失去了自信。

莱亚的童年

通过心理治疗，莱亚在自己的经历中发现了形成这种心理运作模式的因素。起初，她认为问题来自于她的父母，后来，经过与周围人的讨论，她意识到自己的小学时期过得很不愉快。老师在全班同学面前揪住了她犯的错，对她来说那是一次奇耻大辱，给她心里留下了深深的烙印，直到今天说起那一段经历，她的情绪还非常激动。老师在她的家长联系册上留下了很差的评语，并要求她交给父母签字。她不敢给父母看，所以模仿了他们的签名。想到自己欺骗了父母和老师，她感觉很不好。不幸的是（对莱亚的未来的影响确实不好），老师并没发现签名是假的。莱亚因此觉得最好是掩盖自己的错误，不承认自己不知道。因为小学那次让她蒙混了过去，她就养成了这种习惯。可是15年后，当她踏上工作岗位，这种态度就成了问题。她的上司向她指出：“你明白吗，莱亚，当你不知道的时候，我希望你跟我直说。你不用因为自己有些东西不知道而感到羞愧。我能帮你找到你没有的信息。”

莱亚的正面

莱亚以前没有认识到自己积极的一面。为了不被人发现自己有所不知，她试图尽可能地了解更多东西，努力学习，培养出了认真、严谨、可靠的优点。

此外，她的同事欣赏她的品质，知道可以信赖她，他们会给她指出她的小错误并原谅她，比她对自己宽容多了。

发现自己积极的一面之后，莱亚心情开朗了很多："对，没错，我觉得自己很认真可靠，工作也做得特别好。我已经加班很多次。如果我不知道什么或是犯了一个小错，或没有达成所有的目标，后果可能并没有那么严重。"她笑着说。她保留了自己完美主义、认真的优点，同时接受了自己偶尔也会犯错的可能性，不再为这个过于难受。

"必须刚正不阿"

对于某些人来说，正直是做人的根本，不能有丝毫退让。他们会不断地检查自己是否遵循了原则和常理，不允许自己和别人越雷池一步。哪怕一点点错误都不可接受，都会让他们的自我价值感降低。如果认真听他们解释，会觉得他们仿佛是用正直这个美德来弥补自己的缺陷。但是，这种不给自己和别人留下任何余地的正直，最终会妨碍他们适应世界，影响他们与别人的关系。雅斯米娜就是一例。

雅斯米娜，51岁，就职于工业领域。她完全受不了同事们随意的工作方式。他们可能不遵守内部流程就给客户发货，因为这样可以缩短发货时间。雅斯米娜就不这样做，她一板一眼地按内部流程办事，以至于客户给她的上级打电话抱怨送货太晚。上级因此责备她，她说自己遵守流程而同事没遵守，上级回答她："你要懂得变通。"

雅斯米娜内心自我批评的声音

雅斯米娜内心自我批评的声音出现了："我把所有人都惹烦了，我做事跟别人不一样。"她的条件认知模式是："如果我想被人接纳，我应该懂得变通，选择跟别人一样的方式做事。"可是这个准则在她身上引发了价值冲突，因为她的正直感极强，而且被她视为做人的根本价值。她周围的所有人都欣赏她这一点。

但是，在任何情况下都一板一眼地做事给她带来了麻烦，客户时间很紧或其他紧急情况下，她也不能偶尔破例加快订货流程的处理。这种缺乏灵活性的做事方式令她不懂变通，跟同事、上级和客户产生矛盾。她因此感觉自己被孤立，反过来又加强了她的无条件认知模式："我跟别人不一样，被孤立，被排斥。"

这类情况反复出现，令她非常不安，因内心的价值冲突而焦虑："如果我遵循自己正直的价值观，就会跟共事的人产生矛盾。如果我按照别人的要求来做事，同时满足我的上级和客户的要求，跟我的同事一样做事，在这种情况下我就与自己发生矛盾，违背了我的价值观。"

价值冲突

价值冲突的后果是，无论怎么做，我们都对自己不满意。

下面我们通过认知概念化来帮助雅斯米娜从这个左右两难的境地中解脱出来。

上文已经介绍过她内心的声音、她的优点以及条件认知模式，不再赘言。雅斯米娜认识到引起问题的是她极强的正直感。

同盟运用"为什么、如何、什么"等魔法词与她进行苏格拉底式对话，找出这种正直感的根源。雅斯米娜之所以如此正直，是因为她最怕别人把她当作变节者。她的经历说明了为什么：她是北非本地军人（前法国殖民军在当地雇佣的军人）的女儿，她父亲替法国卖命，被祖国视为叛徒。雅斯米娜从小就充满了背叛感，到51岁都没能甩掉。

除此之外，尽管她深爱父亲，却把他视为叛徒，这使她有一种负罪感。

通过意识到自己积极的一面，尤其是令旁人肃然起敬的正直感，雅斯米娜逐渐有了起色。她的朋友用赞赏的语气跟她说："至少你是个可以信赖的人，别人都相信你，你永远都不会背叛我们。"这样她可以较为灵活地工作，哪怕稍微不那么刚直一点，在客户急需的时候不再一板一眼地完全按照流程来办事。

但是雅斯米娜需要借助认知概念化来理解，正直诚然是一种美德、一种根本的价值，但在任何情况下不知变通地遵守这一准则是过度死板。就根本原则来说是对的，但无法适应环境。要与自己、与他人和睦相处，需要懂得适应具体情况，根据环境变通行事。不要忘了我们在世界上不是一个人，虽然我们的个人准则是合理、自有其根源的，如果不考虑到别人，这些个人准则会使我们与他人产生隔阂。适应能力——不是改正自己的个人准则——使我们在保持其深刻意义的同时将之灵活应用。与其因为刻板的个人准则被孤立，不如让自己的准则

（即使是合理的准则）适应环境，让我们在其中如鱼得水。

雅斯米娜明白了自己可以在做事时更灵活一点：对于生活中重要的事情保持刚正，对于小事则可以变通。

对于这个案例，我想强调一点：一个人越是强调某种原则、美德，视之为自己做人的根本（如雅斯米娜的正直感），越是说明这个美德实际上建立在一个非常顽固的消极条件模式之上。一个人越是强调一种美德，像是把它当作盾牌或保护伞，此人就越是怀疑自己，怀疑自己能否满足那个视为标杆的价值。

“必须直奔主题”

奥利维耶，32岁，迫不及待地想要找到一位女性结婚，与之共度一生：“但每次都是一样，女孩跟我认识没多久，见过四五次之后就甩掉我，说我说话一点儿都没意思。”

确实，如果你面对奥利维耶，会惊讶地发现这个男人完全不表现出任何情绪。他的表情呆滞，声音单调，语气平淡，问他问题，他总是用简单的几个字来回答。他从不表达自己的感觉或想法。他用冷冰冰的不带感情的方式描述事实。我们可以想象，在这种情况下，那些他遇到的人会觉得他很冷淡，不与他接近。可是奥利维耶为什么是这个样子？这也需要认知概念化来帮助我们理解。

奥利维耶的准则是“应该直奔主题”。所以，他说话特别简短，这种方式当然效率高，可是没有灵魂也没有热度。

他的条件认知模式是“如果我直奔主题，就能得到对话者的持续关注”。然而那些听他说话的人，尤其是女性，都对他不感兴趣。这让他十分意外，看到自己的方式不成功，他很不安。

如果奥利维耶关注自己积极的一面，即他的美德和品质，他会看到自己效率高、能力强。在治疗过程中，我们认识到，他之所以想要直奔主题，持续抓住对方的关注，是因为他从小到大都不是一个有吸引力的人。他以为，如果自己天生没有吸引力，要想办法变得有吸引力。而他自己找到的解决方案就是选择直奔主题。

我想告诉你们的是在治疗过程中我们是怎样使奥利维耶认识到，他的想法并不合适。大部分认识他的女性觉得他说话太少，太简短，不会给出足够的细节，让她们没办法知道他在想什么和他的感觉如何。我建议他做一个非常简单的行为训练。我要奥利维耶花两分钟给我描述最近发生的一个事件。他告诉我他刚刚被选为公司的雇员代表。我让他用自己习惯的语调来描述，他用平淡单调的语气、不带表情地说了一遍。

然后我要他把事情重新讲述一遍，同样的事实，但请他描述自己的情绪，描述他得知选举结果时的感觉、他的期待和他内心的声音对他说的话。他于是用热情动人的方式重新讲了一遍，表现出自己的情绪和立场。所有人（因为是集体治疗）都看到他的面容起了变化。他脸上带着微笑，坐直了身子，声音也更大更笃定。在场的所有人都为这个变化感到惊叹，我必须说他的表现也给我留下了深刻的印象。所有人，尤其是女性，都对奥利维耶的第二次讲述表现出很大兴趣。这让他打破了自己的模式“如果我直奔主题，我就能赢得关注”，换成另一种模式“通过表达我的感觉、情绪和我的想法、观点，我会更令人感兴趣”。

其他常见的人生准则

通过前面介绍的案例，我们可以看出，认真倾听内心自我批评的声音，借助认知概念化更好地理解自我，可以让我们达到终极目标：自我解放——从过度苛刻、强制、阻碍行动的条条框框中解放出来。比如：

——必须控制一切，掌握一切；

——生活不公，所以需要使劲拼搏来取得成功；

——任何时候都不该独处，孤单寂寞；

——要懂得决断；

——在任何情况下都应该懂得如何行事，有能力应对；

——想要什么就能得到什么（我理所应当获得我想要的一切）；

——每天都应该是精彩刺激的；

——应该随时做出反应；

——做任何事都得依赖别人；

——应该隐藏自己不同于别人的一面；

——所有人都应该理解我。

可以看出来，每个人都多多少少有着自己的人生准则。这些准则不一而足，指导着我们的生活。我并不是要把你套进一个模子里，而是给你一些参照。读到以上准则，你可能会意识到其中有一些跟你多少有些关系，其他的则感觉毫无关系。并非要你找到一个单一的准则，把你简单粗暴地归结为那样一种人，而是要找到那些你觉得最熟悉的准则。

本书中给出的临床案例，主要是为了说明我们的行为在多大程度上受到这些准则的深刻影响。这并不是说每一个人，比如辛西娅、塞巴斯蒂安、阿德里亚娜或者安娜，只存在这一条准则。我们的目的是找到最显著的运作模式，以此更好地理解自我。

我建议你先找到最接近你的那些准则，然后利用本书介绍的方法，尝试将自己的认知模式概念化，主要步骤如下：

- 你内心的声音经常出现的内容是什么？
- 怎样才能最忠实地表达出你的人生准则？

尽量使用你自己的话，运用近义词来找到最契合你的想法的表达。

你的条件认知模式是什么？不要忘了使用“如果”条件句：“如果我做X，就会得到Y。”这些条件认知模式代表你的硬币的反面。

即使你的条件认知模式看起来非常消极，要知道它还存在积极的一面，对你来说非常重要的一面，代表你的美德/优点、价值和品质。这些是你身边的人欣赏你的地方。你可以凭借这一潜力解放自己、改变自己。别忘记承认自己积极的一面，这会让你更好地接受自己的矛盾情绪和焦虑。

本书中介绍的认知概念化模式可以作为一个实用的工具，帮助你更好地理解自己。

接下来，在第七章里我们将看到如何摆脱内心自我批评的声音，开始进行解放自我的改变。

第七章

教你几招，掌控内心自我批评的声音

Les astuces pour mieux gérer sa voix critique intérieure

与其忍受，不如选择

我们已完全明白，内心自我批评的声音可以借助它所传达的人生准则，对我们造成极大的阻碍。学习如何控制这个声音，懂得如何应对它或与它对话，是摆脱它的主要途径。

为此，我会在这一章介绍一些诀窍和方法。这些诀窍和方法我已经在心理治疗中使用了20多年，还写成了两本书。[1]这些方法可以分成两类。一类是肯定自我的方法，让你在面对内心自我批评的声音时肯定自己。另一类是认知疗法中使用的一种方法，旨在改变看待内心声音的视角。

1　弗雷德里克·方热，《肯定你自己！与他人更好地相处》（*Affirmez-vous ! Pour mieux vivre avce les autres*），Odile Jacob出版社，2011年新版，大众心理读物；弗雷德里克·方热、B. 鲁舒思（B. Rouchouse）著，《自我肯定，一种心灵治疗方法》（*L' Affirmation desoi. Une méthode de thérapie*），Odile Jacob出版社，2007年，给专业人士和对心理治疗有兴趣的人士。——作者注

内心自我批评的声音背后隐藏着什么?

首先要问这样一个问题：这个内心的声音是谁在说话?有时候是看似怀疑儿子能力的父亲（如塞巴斯蒂安，参见102页），有时候是认为家里的孩子不可能有出息做高管的母亲（如阿德里亚娜，参见95页），有时候是在其他学生面前批评我们的小学老师（如莱亚，参见120页），给我们留下无法抹去的耻辱的烙印。

在不同的情境之下，内心的声音不一定会一直重复同样的话语。

为此，我想做一个比喻。请想象一辆巴士车，车上的乘客代表我们在人生过程中遇到的所有人。这是一辆特别的巴士，乘客们只能上不能下。有点像生活里的情况：我们碰到教育我们的人，父母、兄弟、姐妹和老师，然后是男女朋友、普通朋友和同事……所有这些人都成了我们生活的一部分，留下关于他们与我们的之间关系的回忆，包括那些已经离开我们的生活的人，他们还在我们的记忆里，能够通过我们内心的声音说话。我们记得，某位闺蜜曾反对我们结婚，劝我们不要嫁给某个男人——她曾说：“这个男人跟你不合适。”后来，这句话重新回到我们的脑海中，还有父亲对我们说的：“慢慢来，好好考虑……”

我们坐在司机的位置，驾驶着我们自己的巴士，带着一路上的所有乘客在人生道路上前进。问题来了，每开到一个圆形广场，乘客们意见相左。当我们决定在这个时刻应该要右转（比如接受一段爱情关系），有些乘客会从车尾大声喊："不行，不要右转，你弄错了，会走进死胡同……"假如我们听从内心的声音，我们自然会开启左转闪烁，然后向左转（比如推迟与爱侣订婚），车上的另一些乘客此时表态，大叫："不，你是对的，应该往右转，你错啦，别往左，你犯错了……"我们的生活就像这样，在每一个十字路口、人生的紧要关头，车上乘客就会告诉我们应该做什么，但他们看法不一定完全一致。在人生的道路上如何选定方向，真的应该听这些乘客的，还是应该不听他们的话，平静地往我们想要去的方向走？

内心的声音也可以是支持你的声音，就像童年时的好伙伴，不断鼓励我们，指出我们的强项所在。

这个声音，我们常常把它归咎于身边的某一个人。很多患者来进行心理咨询的时候会说："我妈妈对我保护过度，我爸爸要求太严格或者很少陪伴我。"总之，这都是他们自己认为的父亲或母亲对他们的态度。每个孩子对父母对他/她的期待都会形成自己的一种理解。兄弟姐妹的理解也不尽相同。

对完美主义的研究证明，我们心理治疗师曾经有一些误解。我们曾以为，孩子变成完美主义者是为了应对父母过高的期待。尽管这个假设在一部分案例中可以成立。通过科学的心理学研究，我们现在弄清楚了，有时候是因为孩子以为父母对他们期待很高。我在心理咨询过程中常常跟父母打交道，据我观察，他们对孩子的期待并不一定过高。孩子以为父母对他期待很高，而实际情况并非如此，这种情况是存在的。另外，同一个家庭里的兄弟姐妹对“父母的期待”的理解并不相同。

重要的是，以为父母对自己期待很高的人脑子里始终存在这样的想法，通过他/她内心的声音不断地向他/她传递。成年之后，我们坚信不疑，不仅以为这个声音是属于我们的，还认为它是我们自己的声音，是我们人格的一部分。

要明白，这个内心的声音并非天生存在，而是我们把周围的人对我们的期待进行了改头换面，变成这个声音。要弄清楚这种不安的根源，这是与内心的声音拉开必要距离的第一步，“父亲质疑我，这是他的声音，不是我在质疑自己”或者“母亲过度保护我，这是她的声音，其实在现实中我的境况并非如此危险”。如果走到这个阶段，我们就已经开始准备好摆脱内心的声音，凭借下面将谈到的自我肯定和认知疗法来实现。

自我肯定疗法的益处

刚开始执业时，我认为我能给内向、腼腆、有社交焦虑症（过度害怕他人的评价）的人带来的帮助，就是让他们学会肯定自己。自我肯定，也就是说在尊重他人的前提下，敢于表达自己的观点、愿望和需求。在这方面，我赞同美国[1]和加拿大魁北克[2]的一些作者的思路，他们的著作已经论证得很充分。

20世纪90年代初，我选择在单独治疗和集体治疗中使用这些方法，结果令我和患者都非常满意。过分拘谨内向的人学会肯定自我之后，能够表达自己的想法、增强自信及改善与他人的关系。患者自我感觉更为骄傲自信，与旁人相处得更好。

从过去到现在，我一直非常满意自我肯定疗法的效果，每天都能看到它对患者产生的正面影响。

现在凭借最近的研究结果，我能够解释为什么这些患者通过自我肯定疗法能有所改善。

---

1 R. E. 阿尔伯蒂（R. E. Alberti），M. 埃蒙斯（M. Emmons），《肯定自己，站稳自己的脚跟》（*S' affirmer. Savoir prendre sa place*），Éditions Le Jour出版社，1992年。——作者注

2 J.-M 布瓦韦尔（J.-M Boisvert），M.博德利（M. Beaudry），《肯定自己，与人沟通》（*S' affirmeret communiquer*），Editions de l' Homme出版社，1979年。——作者注

缺乏学习

最常见的情况是，他们在童年时期没有被人传授自我肯定的态度。这种因缺乏学习而造成不敢肯定自我的患者，可以通过传授具体方法来提高自信度。这种学习的好处会逐渐显现出来，长期来看不会出现任何反复，这一点在我所做的一个科研项目[1]中已经被证实。在这个研究项目中，我们对治疗终止之后的若干名患者进行了为期两年的跟踪调查，发现他们仍然保持着治疗带来的良好效果。

到今天15年过去了，我十分肯定这些良好效果能长期维持。

让自己敢于自我肯定

不过，随着我执业时间的延长，我同时也发现个别患者通过自我肯定的方法得到的治疗效果不够明显。他们学会了良好的沟通技巧，懂得表达自己的愿望，可以毫不咄咄逼人地维护自己的权利，同时尊重对方，但问题是他们不“敢”让自己去这么做。

1　弗雷德里克·方热，《社交恐惧症的治疗：认知行为疗法的有效性》（“Traitements des phobies sociales : efficacité des thérapies comportementales et cognitives”），*L'Encéphale*杂志，1999年3—4月刊，25（2）期，158—168页。——作者注

没错，这里的关键词是“敢”。读者中或许有人读过我的另一本书[1]，我在书中提到了“敢”这个关键词的作用。

仔细想想，它到底是什么意思？我们懂得如何做一件事，但我们不敢这么去做。因此，问题在于找出是什么阻碍了我们，让我们不敢给自己做这件事的权利。

一开始我以为是患者身边的人阻碍了他们自我肯定的可能性，也许是他们的同事、上级、配偶、父亲或母亲对他们太过压制，令他们处于屈从的地位，因为患者口口声声告诉我，他们在行为中不敢足够地肯定自我。

我们往往是自己的审查者

后来，到底是什么阻碍自我肯定这个问题渐渐地明朗。我发现，我们最大的审查者实际上是我们自己，说得更具体点，是我们内心自我批评的声音：“别做这个，别做那个，小心，你会伤害他，不，当心……”

我们可以肯定地说，内心自我批评的声音阻碍我们自由自在地生活。它粘在我们身上，如同第二层皮肤，难以剥离。

1 弗雷德里克 · 方热，《医治受伤的自信》（*Oser. Thérapie de la confiance en soi*），Odile Jacob出版社，2003年——作者注

勾在我们肩头的猴子

因此，重要的是找到一个办法来控制这个甩不掉的内心的声音。

我记得，我有个女儿曾经勾在我的肩膀上不愿意下来，我不得不自己动手把她拽下来。这让我想起我小时候做的游戏，一个人肩头扛着一个小伙伴，有点像骑士，游戏的重点是把对方肩头的小伙伴拉下来。当然，小伙伴会紧紧地勾在肩膀上，死不松手，谁坚持到最后谁就赢了。我们内心自我批评的声音就像勾在我们肩头的小伙伴，紧紧地勾住不放手。而且它跟我们的思维紧紧相连，从表面上看，我们的对话者根本意识不到它的存在。

这个游戏的回忆让我想到了一个点子：为什么不让一个真人来扮演内心自我批评的声音呢？

集体治疗的一大好处就是可以进行角色扮演。于是我要求我的患者不仅记录下他/她与对话者的交谈，还要记下内心的声音所说的话，把它当作第三方。然后组织角色扮演，不是两个人而是三个人：患者、他/她的对话者和他/她内心的声音。每个患者扮演自己的角色，有另外两位成员扮演对话者和内心的声音。我要求扮演内心声音的成员站在患者身后，靠近他的头大声说话，如同寄生在患者身上。效果很壮观，我们看到一个人在与另外一个对话的过程中被他脑子里的声音不断地打扰。

通过模仿范例来学习

这种方式是把内心的声音外在化，效果惊人，可以重现患者头脑里真实的想法，当患者亲眼看到他们内心的声音干扰自己的生活时通常非常惊愕。

演过第一遍之后，我来扮演患者的角色，演示如何运用下面要介绍的妙招来应对内心的声音。然后我让患者重新扮演自己的角色，使用我演示的方法。一般来说，经过两三次尝试之后，患者都能学会应对内心自我批评的声音并控制它。接着他只要将这种方法持续地应用到日常生活中。

这种学习方法的效率和速度令人惊叹，是基于所谓的社交学习方法[1]，或者更常见的叫modeling，即通过模仿范例来学习。心理学研究人员证实，这种方法可以在最短的时间内教会一个人。如果你想教孩子开车，最好的办法是让他看你开车。他会很快理解到，当你踩右边的踏板，车子加速；当你踩中间的踏

1 参见阿尔贝·班杜拉（Albert Bandura）的著作《社会学习理论》（*L' Apprentissage Social*），Éditions Mardaga出版社，1995年。——作者注

板，车子减速；还有一根杆，如果你操纵它就会改变某个东西。然后他就会问你各种问题来加深自己的理解："爸爸，妈妈，右边的踏板是什么？中间的踏板又是什么？这根杆有什么用？"你回答这些问题时告诉他关于开车的技术信息，然后他很快就会学会开车。

自我肯定疗法的方法也是一样，接下来让我们看看最主要的技巧。

面对内心自我批评的声音，学会自我肯定

在自我肯定的技巧中，我常用的是"会说'不'"和"回应批评"这两种方法，恰好适合用来应对内心的声音。这两种方法可以让你在面对他人的时候设定底线。我们在不懂拒绝的安娜的故事（参见71页）中已经看到，懂得说"不"的能力很重要。

学会拒绝

要懂得说"不"，首先要让自己敢于说"不"，不觉得有必

要证明自己有理由（往往很难），有可能的话停止总是说“是”的习惯。我的患者确实往往难以启齿直接说“不”，他们已经长期习惯于说“是”。这也是为什么我先教会他们再也不要马上说“是”。在这种情况下，可以先回答“我不知道”“我要想一想”“你愿意的话，我明天再回复你”。实际上就是推迟回答或者用含糊其辞的方式回答。

如果想比较坚定地拒绝，可以直接说“不”。你的回答第一个字就要是“不”，然后坚定地重复多遍。当对方紧逼不舍，明显想要利用你的善意时，你可以用第一人称“我”直接表达你的负面情绪，如“我”或“这让我”来应对。例如，你可以说：“如果你还坚持会让我很困扰，我已经跟你说了两次不行，我决不会改口。”

如果你还想知道更多说“不”的策略，请参考我的书《肯定你自己！与他人更好地相处》[1]。

回应批评

回应批评一般通过所谓的消极询问，也就是说使用“什么、为什么、如何”来进行开放式提问。这一技巧主要在于受

1 弗雷德里克·方热，《肯定你自己！与他人更好地相处》，同前。——作者注

到批评时要求对方给出更明确具体的回答。如果你想运用消极询问来回应内心自我批评的声音，你可以这么说："是什么让你觉得我在这种情况下表现得无能？你有什么证据？你说我没有能力的意思是什么？你能把你的想法说得更具体一点吗？"诸如此类。

消极询问可以避免做出攻击性强的反攻，迫使内心自我批评的声音提出确凿的论据，而它并不一定有。

与内心自我批评声音拉开距离

说到底，面对指责我们的内心声音时，我们要成为自己的辩方律师。你还记得阿德里亚娜吗？这个年轻女性患有冒名顶替者综合征（参见92页）。她与两位患者一起完成了角色扮演练习，一位扮演她的上级，一位扮演她内心的声音，站在她身后，大声在她耳边说话，阻碍她与上级交谈。我要求阿德里亚娜站起来，远离她内心的声音，接近她的上级。这个行为方法让她象征性地拉开与内心自我批评的声音之间的距离，通过拒绝和沟通的技巧与之对立。

与内心自我批评的声音辩论

我也曾要求患者转过身来，面对身后那位扮演内心声音的患者，并与其展开辩论，要求他拿出证据。可以象征性地转过身来问他："在这种情况下，面对我的上级，你有什么证据证明我在这个项目上表现得无能？总之，你多年来一直这么跟我说。你总是向我重复同一句话——我无能，不管我做的是什么项目，不管对面是谁。你对我的评价是不是太缺乏变化？再者，你听着，我已经有点受够了，多年来你一直对我重复这句话，根本没能帮助我进步，相反让我越来越怀疑自己。"

在这些练习过程中，患者们常常忍不住笑起来。他们发现，通过自我肯定，他们能回应自己内心自我批评的声音，认清它的力量和分量并非那么大，削弱它的影响。简而言之，学会了面对它。

站起来直面它，不再被它压迫。

还可以使用其他不需借助语言的行为方法。我请患者瞪大眼睛看着扮演内心声音的那个人，对他大声说话，逼近他，轻轻推他一下来拉开距离。

把内心自我批评的电台音量关小

最近的一次治疗过程中，我问了一位患者下面这个问题："你在家安安静静地听着自己最喜欢的音乐。你把声音开大。此时电话响了，屏幕上显示是一位朋友来电，你想接这个电话。你会怎么做？"显然，患者要关小音乐声才能听到电话那头朋友的声音。

那么，对内心自我批评的声音来说也是如此。我们应该关小它的音量。当它跟你说话的声音太大，要毫不犹豫地将音量调小，并对它说："听着，你现在的说话声太响了，这样我会没办法接朋友的电话，没办法跟他交谈。"在心理治疗中经常使用这个方法，患者转过头来对扮演内心声音的那个人说："听着，小声点说，音量小点，我听不到对方说话了。"

有时候我还请扮演内心声音的人紧跟着患者，象征着内心的声音在死死勾住患者的肩膀。我曾要求扮演内心声音的患者跟随阿德里亚娜，寸步不离。这迫使阿德里亚娜越走越快，可能的话走得比内心的声音更快一点，才能甩掉她！如果你比某人走得快，可以试验一下，你会发现，当你把他甩得越来越远，他的声音也就越来越小！

你一定明白了，这些妙招可以让你与内心自我批评的声音拉开一定距离，认清它，这是认知疗法的目的。现在我们要回顾一下认知疗法的几种主要方法。

改变看待内心声音的视角

认知疗法提供了很多种方式，拉开内心的声音与自我之间的距离。下面介绍几个我经常使用的方法。

学会偏移关注重心

谁给你带来的痛苦最大？情境？对话者？还是你内心自我批评的声音？

想想塞巴斯蒂安与上级对话的例子。

去掉内心的声音重读一遍他与上级的对话，然后单独看内心的声音说的话（参见64页）。做完这个练习，塞巴斯蒂安发现，使他不安到脑子不转的是内心的声音，比上级的话更令他不快。

你也可以做同样的练习，在一次交谈后几分钟之内，记下对话内容以及内心的声音跟你说的话。

接着去掉内心的声音重读一遍，然后只读内心的声音。你会发现，不安感跟内心的声音有关。

认识到内心自我批评的“电台”是产生不安感的主要原因，这个简单的事实已经具有“治疗”效果。这可以使我们将注意力转移，不再过度关注内心的声音，认识到我们并不完全是它所评价的那样。

内心的声音并不是我们的全部。

关注对话者

这个技巧在于把注意力集中在对话中所说的东西上。

把关注的重点放在我们面前的这个人与我们之间的互动上。关注交流的内容可以使我们减少对内心声音的关注。

在治疗中，我惊讶地发现，当患者真正投入与对话者的交谈时，他们不再听见内心的声音，甚至连自己都没有意识到。一个极好的例子就是阿德里亚娜的心理治疗案例。

在一次角色扮演中，我要求她靠近她的上级，真正用心听他说话，问他问题，注意他的回答：“真的，你们去海边了？孩子们游泳了吗？你是航海运动爱好者吗？”在这个时候，阿德里亚娜与她的上级处于一种真实的人际关系当中，上级发现她是真正在与之交谈。结果是，阿德里亚娜与上级的关系更近了，不再像以前那样关注内心的声音，少听它说的话。尽管内心的声音还是存在，但它不会再对阿德里亚娜与上级之间的谈话造成阻碍。谈话变得深入，比以前更有意思。这证明，太过关注内心自我批评的声音会破坏与他人的关系。当一个人倾听自己内心的声音时，他就不再理会对话者。而这个方法会帮助你把注意力从内心的声音转移到你的对话者上。

做自己的好朋友

你可以跟自己说话，把自己当成好朋友，想象他/她正在经历你所经历的事情，听他/她倾诉心声，劝慰他/她。

我在治疗阿德里亚娜时使用了这个方法。

同盟："如果没理解错，你的问题是把自己看作冒牌货，因为你被提拔为高管，却没有相应的高学历。"

阿德里亚娜："对，就是因为这个。"

同盟："阿德里亚娜，如果你最好的朋友告诉你，她成功地当上了高管，而且一干就是5年，只是没有文凭，你会对她说什么？"

阿德里亚娜：“我会说，太棒了，你太棒了。”

同盟：“那么，没理解错的话，你是说一个没有文凭也能成功的女人是个很棒的女人啊！”

阿德里亚娜笑了，看到了自己的矛盾。她评价自己的好朋友时比评价自己要宽容多了。

这个方法很有用。我发现不少患者在评价自己时会极度求全责备/负面和苛刻，相反，评价一个他们欣赏的人时却非常正面，即使这个人跟他们的情况一模一样。这说明我们的脑中存在两套系统，对待自己非常苛刻，对待自己喜爱的人却充满善意。通过做自己的好朋友这种方法，我们就可以将第二套系统应用在我们自己身上。

对照自我怀疑和真实能力

不要被你的自我怀疑牵着鼻子走。凭着自己的真本事对自己充满信心。

与内心自我批评身影拉开距离的另一个办法，就是对照现实，对比我们真正实力和内心声音贬低自我的话语，不要让这个声音使我们怀疑自己的能力。

经过多年的学习和艰难的求职，尼古拉刚刚找到一份工作，开始试用期。这个境况使他产生了极大的压力，我们完全可以理解。他内心的声音给他定下四条准则：

——你应该表现完美；

——你应该表现得有意思、值得关注；

——你应该显得活力充沛；

——你应该形象良好。

尼古拉怀疑自己能否满足这四条强制性准则。他如此紧张，以至于不敢跟新同事打交道。

同盟于是问他："上学的时候，你是怎么融入一个新班级的呢？你对自己也有这么高的要求吗？你当年是成功了还是失败了呢？"

实际上，尼古拉每次加入一个新班级都能成功地融入集体。他学得也不错，拿到了他想要的学位。但是，他总是把情况预想得很糟糕。所以不要被内心自我批评的声音牵着走而怀疑你自己没能力成功。当内心的声音大肆批评你的时候，想想现实情况，想想你已经达成的那些事，明白你有能力和力量，已经克服过种种困难和面对现实生活中不同状况。

要建议，不要死准则

我们可以认为，内心自我批评的声音就像是一个暴君。在上文中我们看到了阿尔伯特·埃利斯的“必须强迫症”（参见43页），内心声音的说话里充满了各种强制性的要求，使用“必须”“我应该”“要”“你应该”等表达方式。

如果我们用另一种表达方式来改变这些强制性的要求，就再也不会因为一个必须实现的结果而被困住。如果把“必须”“我应该”“要”和“你应该”换成“我试试”“我尽力”，留给自己的余地相对大一些，也留出了容许犯错的可能性。从必须实现的结果变成必须付出的努力，这就让人容易承受多了。

让我们借助阿德里安的例子来进一步解释这个方法。

阿德里安，32岁，跟女性打交道颇有困难。他觉得自己没有话跟她们说，也没有办法引起她们的兴趣。去参加派对时他总是一言不发，从不主动。尽管他很想成家，却一直是个单身汉。

在治疗过程中，我训练阿德里安，让他练习如何与女性开始交谈。我发现他并不是没有意思也不是没有能力表达，而是他内心的声音对他自己过于苛刻。因此，他需要学会如何应对自己内心的声音。

如果你的情况和阿德里安相似，你可以参加派对之前的练习，也可以动笔写下。训练你自己正确回应内心的声音，因为内心的声音过分苛刻死板爱说教，可能会阻碍你与其他人进行接触。把“必须”“我应该”和“要”换成“我试试”。

阿德里安想象派对上的情景，他坐在一位年轻女子的身旁，鼓起勇气与她搭讪。他把想象的剧情写了下来，用灵活变通的方式回应内心自我批评的声音。

阿德里安内心自我批评的声音：“去吧，开口跟她说话，这次至少要像点样。”

阿德里安：“我试试，我没办法保证。”

内心自我批评的声音：“要像个样，如果做不到，不可原谅。”

阿德里安：“我知道我不可能吸引所有人，我尽力。”

阿德里安内心自我批评的声音：“看她的反应，瞧，你就找不着合适的话题来聊天。完了，你根本没机会。她不喜欢你，瞧，不甩你，得了，没戏。”

阿德里安：“不一定必须由我来说什么。并不是非得我开口。聊天是两个人的事，我可以提问，她可以回答，这样就能交谈。”

阿德里安内心自我批评的声音："可是你那套听起来像盘问，而且你提问会让她自我感觉太好。"

阿德里安："是，有可能。不过如果我问她问题，她也可能觉得我对她有兴趣，她的答案也可能引起我的兴趣，然后就可以继续聊下去。"

阿德里安的内心自我批评声音："确实，对……"

在这个例子中，阿德里安成功地弱化了内心声音带来的压力和紧张，同时仍然谦卑、平静、随机应变，没有设定必须成功的目标，只是试着与身旁的女生聊天，还表现得自然，保持本色。

在现实状况中回应内心自我批评的声音

经过训练之后，接下来要在日常生活中回应内心自我批评的声音。

这是我对塞巴斯蒂安的要求。你们还记得吧，塞巴斯蒂安与上司面谈时缺乏自信，觉得自己被看作是无能的人（参见60页）。我要求他在现实状况中应用回应内心声音的方法。

他与妻子贝阿特丽丝讨论时使用了这个方法。

他带着与妻子交谈的笔记回来咨询，笔记里有内心自我批评的声音，还有我要他加入的第四个声音——对内心声音的回应。

贝阿特丽丝："你这砰砰作响是在干什么？"

塞巴斯蒂安："我在收拾东西，不是搬家。"

塞巴斯蒂安内心的声音："这种拷问的语气是什么意思？我又没必要解释。"

塞巴斯蒂安对内心声音的回应："别发火，她并不是责备你。只是你以为如此，是你的焦虑在作怪。她仅仅是问什么东西弄出声音。"

贝阿特丽丝："没必要跟我这么说话，这么凶！"

塞巴斯蒂安内心的声音："我不凶。"

塞巴斯蒂安对内心声音的回应："可不，你刚才回答她的口气冷冰冰的。其实是我内心的声音让我以为她在质疑我。所以是我内心的声音惹我心烦，不是她。"

塞巴斯蒂安："我很正常地说话，我在收拾衣服，没别的。没什么可吵的。"

塞巴斯蒂安内心的声音："我确实有点凶，可是她什么都想问，什么都想管，搞得我心烦。"

塞巴斯蒂安对内心声音的回应："注意，你又发脾气了，一竿子打死对方。如果你觉得她什么都想管，那是另一个问题。就事论事地说，她不过是问你为什么有声音。"

做完这个练习之后，塞巴斯蒂安评论道：

我认识到自己有时候确实喜欢攻击对方，我和我妻子经常互相指责对方是引发矛盾的那一方。

所以我想可能我太容易觉得自己被质疑，跟上级、跟我妻子说话的时候都一样。我知道我妻子爱我。在这个情境下，她并不是在怀疑她对我的爱。

后来我问她是不是觉得我经常很凶。她说我经常这样，但不是每次都这样。她还说我太容易觉得自己被人质疑，归根结底是我对自己不自信。我很惊讶她知道我不够自信，而且她还接受了这一点。

通过持续治疗，塞巴斯蒂安找到了某种联系，明白他在事业上和私人生活中都觉得自己被人质疑。

在不同的生活情境中感受到同样的情绪，把它们联系起来，能得到很多线索。找到自己不安的时刻，理解它意味着什么，认清它的本质，回应内心自我批评的声音，最终与对话者继续对话，如塞巴斯蒂安和他妻子的对话，这都是认知概念化和心理治疗的组成部分，很快就能看到改善。

思维的自动确认

换个频道，听听自我鼓励的电台。

我在治疗过程中发现，患者自己肯定自己内心自我批评的声音，滋养它，为它辩护。原因是听同一个电台听太久了！一直听到这个声音在否定自己，反而让患者觉得安心，尤其是在听不到任何积极的声音的时候。然而，否定的声音会影响我们的行为，令我们退缩。阿德里亚娜辞职，就是因为她相信内心自我批评的声音传递给她的想法：她不适合自己的职位。使她提出辞职的是自我怀疑而不是因为缺乏能力。

对阿德里亚娜来说，自我鼓励的电台可以说："瞧，阿德里亚娜，你知道让你不安的是，你的怀疑使你误入歧途。没有任何一个同事认为你配不上你的职位。恰恰相反，他们都欣赏你：看看你事业上取得的成就，多么鼓舞人心。而且如果你经常听我的话，你会越来越自信。"

以上这些方法说明，成为自己的朋友和同盟不仅能减轻焦虑，还能改变自己对自己的看法。我们对自己的看法对于一个人的心理平衡和自尊极为关键，调整好了，就可以避免像阿德里亚娜一样走出错误的一步，辞职换工作其实根本没有必要。

我想向你传达的重点是："掌控自己的生活，自己指导自己的人生，不要让内心的声音影响你。生活，前进，行动，无视它的存在，不论它怎么说都不要去关注。"

我想以这一点结束，这一点在我看来非常重要。不论你使用哪一种方法来摆脱内心自我批评的声音，重要的是，它再也不能阻碍你按照自己的意愿过好自己的人生。每个人可以根据自己的情况，从我所介绍的方法中间选择最适合的。

我在提供心理咨询过程中遇见的患者，都选择了最适合自己的方法。你也可以选择使用起来最舒服的方法。关键是，在面对那个压制你、控制你的情绪和行为、向你发号施令的内心自我批评的声音时，你不会再束手无策。学会直面它、反抗它，并告诉它："如果你还想继续说，可以随意，但是现在的我已经决定，不管你同不同意，不管我能不能彻底摆脱你，我都要往前走，过自己的人生。"

结　论

活着=选择=焦虑。这个等式是什么意思呢?

书已经到了末尾，这意味着要做选择了。我的目标不是强加给你一个积极的内心的声音，来取代消极的内心的声音。这个不现实。我常说，我创立的心理疗法与某大型商场的广告语——“我积极”根本不是一回事，跟库埃（Coué）[1]疗法也毫无关系。我更习惯于说我的心理疗法的口号是：“我少一点消极。”你应该已经明白，内心自我批评的声音太消极，因此带来的问题是使我们无法行动，阻碍我们生活，阻碍我们追求自己的远大目标。降低生活中无所不在的消极情绪的浓度，这就是我需要帮你实现的目标。积极的声音会鼓励我们前进，但

1　埃米尔·库埃（Emile Coué，1857—1926），法国心理医生。——译者注

生活并不是纯粹消极或纯粹积极这么简单。

忍受生活中的不安，而不是逃避生活

对后悔心理的研究证明，没有做出选择比做了一个没能让我们满意的选择更痛苦，我们至少会因为做出了选择、敢于尝试而感到骄傲。这至少让我们有成功的机会，而不选择不能带来任何东西，除了左思右想、焦虑和懊悔。而且，即使我们选错了，错误也会让我们学到一些东西。没有错误，就没有改进的可能。

因此，现在由你来决定，是选择为过度保护自己而焦虑，还是为追求对你来说最重要的东西而焦虑。

如果因过度保护自己而退缩，会堕入焦虑的深渊。这是为过度保护而焦虑，无法实现对自己来说重要的事，也无法追求自己的人生意义。

敢于做出自己的选择当然也可能产生焦虑，因为放弃了其他选择，似乎失去了什么东西。做出自己的选择必然带来一些不安，必须学会接受。

但是依我看来，最重要的是能够控制这种不安，这取决于我们把控内心自我批评的声音的能力。我并不是说可以在毫无疑问和焦虑的情况下完成选择。但是可以决定选择对自己来说最重要的选项，同时接受一定程度的焦虑。

在这点上，我的思路与接纳承诺疗法（acceptance and

commitment therapy）（属于认知行为治疗的第三浪潮）相同。接纳承诺疗法强调有必要接纳一定程度的焦虑，患者才能去进行对自己来说重要的事。然而，这并不影响我们在本书中所讨论的，学会在日常生活中减轻焦虑、练习更好地控制自己内心自我批评的声音。如果过度焦虑使我们无法行动，那么我们何必勉强忍受？要记住，我们的苦恼和不安在一定程度上与内心的声音相关，而跟现实无关。如果可以凭借对内心的声音的良好控制，减少一部分不安感，那么焦虑就能降低到可接受的程度，不会再阻碍我们生活，我们就可以实现过度焦虑时没有办法进行的事情。

我作为心理治疗师的主要特点是细腻，综合。跟最早的行为主义者一样，我试图帮助患者减轻他们的焦虑。让这些人无助无望地独自挣扎，这无益且有害，会让他们无法行动，阻碍他们实现自我。我也不赞同用纯粹冥想的态度等待焦虑状态自行消失，冥想本身是好事，但是我认为焦虑过度的时候，它不足以解决问题。对于我治疗过的很多患者来说，他们的状态需要借助我们在本书中介绍的工具才能得到改善。

不过，我在根本上也同意新一代心理治疗方法，也就是认知行为治疗的第三浪潮，其中包括卡巴金（Kabat-Zinn）和西格尔（Z. Segal）[1]倡导的冥想法以及斯蒂文·海斯（Steven C. Hayes）创立的接纳承诺疗法。的确，我认

1 M. Williams，J. Teasdale，Z. Segal，J. Kabat-Zinn，《冥想让你摆脱抑郁》（*Méditer pour ne plus déprimer*），《正念，幸福生活的方法》（*La pleine conscience，une méthode pour vivre mieux*），Odile Jacob出版社，2009年。

为，如果一心想拼命去除全部焦虑和一切负面想法，这最终会成为一种执念，反而会增强原本想摆脱的负面想法。这种过度的担忧可能令我们偏离自己的人生道路。我同意这一看法。

如果关注我们的焦虑，就无法关注我们的生活

第三浪潮受佛学影响很深，为认知行为疗法增添了一层新的内涵。在我看来，第三代心理疗法毫无疑问丰富了认知行为疗法，但是它们绝对没有取代第二浪潮（即认知治疗）或者第一浪潮（即行为治疗）。它们带来了新的东西，是对第一代和第二代疗法的补充，但无法取而代之。

你大概明白了，我是人称“综合型”的心理治疗师，实实在在地帮助患者通过行为疗法来改变自己，通过认知疗法来理解自己，利用第三代疗法来追求自己的人生意义，接受我们人类因为自身的不足而挥之不去的存在式焦虑。

在每一个阶段里，管理内心的声音都是具有决定性的关键因素。

祝你一路顺利，愿你的人生道路平坦幸福……愿你自由！

致　谢

感谢：

欧迪勒·雅各布始终如一地支持我的写作计划。我一直仰慕他的聪明智慧和极佳的直觉。

卡罗琳·罗兰在编辑上提供的协助；她细致聪慧，随叫随到，富有同情心，我们的合作非常愉快。

欧迪勒·文森蒂-达尔蓬医生，多年来与我交流认知疗法的经验。我认为她是法国精神科医师当中，对本书集中介绍的认知概念化认识得最透彻的人。我期待她会写一本书，让大家都能从她的专业知识中受益。她的专著将是现代心理学界求之不得的好书。

维罗妮卡·蒂耶博，我忠诚的助手，多年来帮助我用电脑录入我的文字。（这不是第一本！）面对我的高要求，她总能尽力并好心相助。有时候我说，如果没有她，我就像是失去了左膀或右臂。

弗洛里亚娜·蒂德什好心审读了此书的一部分。

我家人和朋友，在艰苦的写作过程中始终陪伴在我左右。

我的患者，感谢他们敢于面对焦虑的勇气。